全国技工院校数控加工类专业通用（中级技能层级）

数控加工技术（第二版）习题册

吉　琳　主编

中国劳动社会保障出版社

简介

本习题册是全国技工院校数控加工类专业通用教材《数控加工技术（第二版）》的配套用书。习题册紧扣教学要求，按照教材章节顺序编排，知识点分布均衡，题型多样，难易配置适当，有助于学生复习巩固所学知识。

本习题册由吉琳主编，高进祥、洪惠良参加编写。

图书在版编目(CIP)数据

数控加工技术（第二版）习题册/吉琳主编. -- 北京：中国劳动社会保障出版社，2019
全国技工院校数控加工类专业通用. 中级技能层级
ISBN 978-7-5167-4072-9

Ⅰ. ①数… Ⅱ. ①吉… Ⅲ. ①数控机床-加工-技工学校-习题集 Ⅳ. ①TG659-44

中国版本图书馆 CIP 数据核字(2019)第 141283 号

中国劳动社会保障出版社出版发行
（北京市惠新东街 1 号 邮政编码：100029）

*

北京市艺辉印刷有限公司印刷装订 新华书店经销
787 毫米×1092 毫米 16 开本 6 印张 141 千字
2019 年 7 月第 1 版 2019 年 7 月第 1 次印刷
定价：11.50 元

读者服务部电话：（010）64929211/84209101/64921644
营销中心电话：（010）64962347
出版社网址：http://www.class.com.cn
http://zyjy.class.com.cn

目　录

第一章 数控技术基础知识

第一节 数控技术基本概念

一、填空题

1. 数控技术是利用数字化信息对________________及加工过程进行控制的一种方法。

2. 实现数字化信息控制的硬件和软件构成的有机整体称为________________。

3. ________________是一种综合应用了计算机技术、自动控制技术、精密测量技术和机床设计等先进技术的典型机电一体化产品，是现代制造技术的基础。

4. ________________是所有数控设备的核心。

5. ________________通常由伺服放大器和执行机构等部分组成。

二、判断题

1. 国内常用的数控系统包括 FANUC、SIEMENS、HEIDENHAIN。 (　　)

2. 计算机数控简称 CNC，机床控制是 CNC 应用最早、最广泛的领域。 (　　)

3. 用来实现数字化信息控制的硬件和软件构成的有机整体称为数控装置。 (　　)

4. 数控装置是所有数控设备的核心。 (　　)

5. 数控系统的最基本组成包括输入与显示装置、数控装置、伺服驱动装置等硬件与配套的软件。 (　　)

6. 键盘和显示器是任何数控设备必备的最基本输入/输出装置。 (　　)

7. 对于不同的数控系统，辅助指令功能通常采用不同的实现方式。 (　　)

8. 在数控机床中，一般采用直线电动机作为执行机构。 (　　)

三、选择题

1. 利用数字化信息对机械运动及加工过程进行控制的一种方法称为（　　）。

A. 数控技术　　B. 数控系统　　C. 数控装置　　D. 数控机床

2. 用来实现数字化信息控制的硬件和软件构成的有机整体称为（　　）。

A. 数控技术　　B. 数控系统　　C. 数控装置　　D. 数控机床

3. 国内常用的数控系统包括（　　）、SIEMENS。

A. CAXA　　B. Pro/E　　C. UG NX　　D. FANUC

4.（　　）是一种综合应用了计算机技术、自动控制技术、精密测量技术和机床设计等先进技术的典型机电一体化产品，是现代制造技术的基础。

A. 数控技术　　B. 数控系统　　C. 数控装置　　D. 数控机床

5. (　　) 是所有数控设备的核心。

A. 数控系统　　B. 数控机床　　C. 数控装置　　D. 数控程序

6. 数控系统中，输入与显示装置的作用不包括（　　）。

A. 数控加工程序的输入与显示

B. 机床参数以及坐标轴位置的输入与显示

C. 检测开关状态等数据的输入与显示

D. 指令的编译、运算和处理

7. (　　) 不属于数控系统最基本的组成部分。

A. 输入与显示装置　　B. 数控装置

C. 自动刀具交换装置　　D. 伺服驱动装置

四、简答题

简述数控系统的最基本组成及各部分作用。

第二节　数控机床分类及数控加工特点

一、填空题

1. 具有自动刀具交换功能的数控机床称为数控________________。

2. 数控的加工特点：______________________________、______________、______________________、______________________________。

二、判断题

1. 通过刀具的自动交换，加工中心可以在一次装夹中完成多工序的加工，实现工序的集中和工艺复合。 (　　)

2. 采用 CNC 控制的机床，其位置控制精度普遍高于普通机床。 (　　)

3. 数控机床进给传动系统的反向间隙与丝杠的螺距误差等均可由 CNC 进行自动补偿。 (　　)

4. 数控机床进行零件批量加工时，通常只需要进行首检与抽检，节省了零件检验时间。 (　　)

三、选择题

1. 脉冲当量决定了数控机床理论上可以达到的定位精度，采用CNC控制后，脉冲当量值一般都在（　　）。

A. 0.01～0.05 mm　　B. 0.1～0.2 mm

C. 0.001～0.000 1 mm　　D. 0.02～0.05 mm

2. 数控机床移动部件的空程移动速度大大高于普通设备，一般都在（　　）以上。

A. 15 m/min　　B. 20 m/min　　C. 25 m/min　　D. 30 m/min

四、简答题

简述数控加工的特点。

第三节　数控机床的基本工作原理和坐标系

一、填空题

1. 数控加工前对加工零件进行______________是必不可少的准备工作。

2. 在理论轨迹（轮廓）已知点之间，确定中间点的方法称为_______。

3. 在数控机床中，能够参与插补的坐标轴称为__________。

4. 根据可同时控制和彼此独立控制的坐标轴数量的不同，轮廓控制系统有2轴、2.5轴、3轴和_______轮廓控制系统之分。

5. 数控机床采用包含 X、Y、Z 坐标轴的右手直角坐标系，也称右手__________坐标系。

6. 根据坐标系建立原则，永远假定刀具相对于静止的工件而运动，并规定刀具_____

工件表面的方向为坐标轴的正方向。

7. 根据坐标系建立原则，回转运动及圆周进给轴旋转运动的正方向根据________________法则确定。

8. Z 坐标轴由传递切削动力的机床主轴所决定，与主轴轴线________的坐标轴即为 Z 坐标轴。

9. 斜床身或平床身斜滑板的卧式数控车床，其刀架位于机床内侧，俗称________刀架。

10. 数控铣床具有 3 个坐标轴：X 坐标轴、Y 坐标轴、Z 坐标轴。其中，立式数控铣床的________________垂直于工作台。

11. 在数控机床上，可以建立两种坐标系：机床坐标系和____________________。

12. 机床坐标系是以机床原点作为坐标原点建立的坐标系。机床原点是机床上设置的一个固定点，其位置由机床________________决定。

13. 机床启动时，通过回参考点操作，即可建立________坐标系。

14. ________坐标系是编程人员在编程时使用的，其坐标原点位置根据加工图样要求来选择，一般与零件图样的尺寸基准相一致。

15. 编制程序和加工时，用于表示刀具特征的点称为____________。

二、判断题

1. 在数控机床上加工零件与在普通机床上加工零件具有本质区别。 (　　)

2. 数控加工前无须对加工零件进行工艺设计。 (　　)

3. 当选择并决定对某个零件进行数控加工后，意味着其全部加工内容都采用数控加工。 (　　)

4. 数控加工时，操作者无须对机床的加工情况、工作状态进行观察、检查。 (　　)

5. 根据插补原理，只要改变脉冲分配的频率，即可改变坐标轴（刀具、工作台）的运动速度。 (　　)

6. 数控机床的联动轴越多，加工轮廓的功能就越强。 (　　)

7. 三轴轮廓控制系统可形成复杂的三维行程运动，是数控车床、数控铣床的标准配置。 (　　)

8. 数控机床采用包含 X、Y、Z 坐标轴的左手直角坐标系。 (　　)

9. 对多轴机床来说，围绕 X、Y、Z 轴旋转的圆周进给坐标轴分别用 A、B、C 表示。 (　　)

10. 根据坐标系建立原则，永远假定刀具相对于静止的工件而运动，并规定刀具靠近工件表面的方向为坐标轴的正方向。 (　　)

11. 根据坐标系建立原则，回转运动（主轴运动）及圆周进给轴（A、B、C）旋转运动的正方向根据左手螺旋法则确定。 (　　)

12. 确定数控机床坐标系，一般先确定 X 坐标轴，然后确定 Y 坐标轴和 Z 坐标轴。 (　　)

13. Z 坐标轴由传递切削动力的机床主轴决定。 (　　)

14. 对于两轴联动的数控车床，只有 X 坐标轴和 Y 坐标轴。 (　　)

15. 平床身卧式数控车床的刀架位于机床外侧，俗称前置刀架。 (　　)

16. 卧式数控铣床的 Z 坐标轴平行于工作台。（　　）

17. 在数控机床上，可以建立两种坐标系：机床坐标系和加工坐标系。（　　）

18. 机床启动时，通过回参考点操作，即可建立加工坐标系。（　　）

三、选择题

1. 数控机床的加工、控制实质是应用了数学上的（　　）原理。

A. 积分　　B. 微分　　C. 乘法　　D. 除法

2. 数控机床中，能够参与插补的坐标轴称为（　　）。

A. A 轴　　B. B 轴　　C. 联动轴　　D. 多轴

3. 改变脉冲分配的（　　），即可改变坐标轴（刀具、工作台）的运动速度。

A. 频率　　B. 数量　　C. 方法　　D. 精度

4. 下列图例中，（　　）为三轴轮廓控制应用示例。

A.

B.

C.

D.

5. 根据标准，数控机床采用包含 X、Y、Z 坐标轴的（　　）坐标系。

A. 左手直角　　B. 右手直角　　C. 极　　D. 圆柱

6. 对多轴机床来说，围绕 Z 轴旋转的圆周进给坐标轴用（　　）表示。

A. A　　B. B　　C. C　　D. D

7. 根据数控机床坐标系建立原则，永远假定（　　）。

A. 按实际情况考虑加工运动　　B. 刀具相对于静止的工件而运动

C. 工件相对于静止的刀具而运动　　D. 不考虑刀具和工件的运动

8. 确定数控机床坐标系，一般按照（　　）的顺序。

A. 先确定 X 轴、再确定 Y 轴、最后确定 Z 轴

B. 先确定 Y 轴、再确定 X 轴、最后确定 Z 轴

C. 先确定 Y 轴、再确定 Z 轴、最后确定 X 轴

D. 先确定 Z 轴、再确定 X 轴和 Y 轴

9. Z 坐标轴由传递切削动力的机床主轴决定，（　　）坐标轴即为 Z 坐标轴。

A. 与主轴轴线平行的　　B. 与主轴轴线垂直的

C. 与导轨平行的　　D. 与导轨垂直的

10. 前置刀架适用于（　　）数控车床。

A. 斜床身卧式　　B. 平床身斜滑板卧式

C. 立式　　D. 平床身卧式

11. （　　）是机床上设置的一个固定点，其位置由机床生产厂家决定，并在机床装配、调试时确定下来。

A. 编程原点　　B. 对刀点　　C. 机床原点　　D. 刀位点

12. 下列描述中，正确的是（　　）。

A. 采用机床坐标系进行加工编程很方便

B. 采用工件坐标系进行加工编程很方便

C. 采用工件坐标系进行加工编程很不方便

D. 采用机床坐标系和工件坐标系进行加工编程一样方便

13. 下列说法中，（　　）是错误的。

A. 刀位点的运动轨迹和移动精度对零件的加工精度至关重要

B. 刀位点是编制程序和加工时，用于表示刀具特征的点

C. 刀位点是对刀和加工的基准点

D. 刀位点实际上不存在

14. 下列图例中，（　　）有两个刀位点供选择。

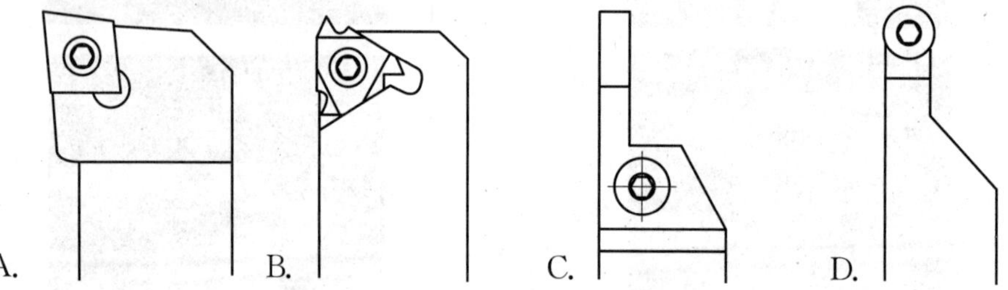

15. 下列关于换刀点的描述中，（　　）是正确的。

A. 换刀点一般设置在被加工零件的外部

B. 换刀点一般设置在被加工零件的内部

C. 加工中心的换刀点是一个可变点

D. 数控加工可不考虑换刀点

四、简答题

1. 简要描述插补原理。

2. 简述数控机床坐标系建立应遵循的原则。

第四节 数控加工编程概述

一、填空题

1. 用数控系统规定的代码和格式来描述根据被加工零件图样所制定的工艺方案，并进行编辑、校验的全过程称为______________。

2. 数值处理的目的，是根据工艺路线及工件坐标系，得到加工所用刀具的__________数据。

3. ________是用来描述零件加工过程指令代码的集合，由程序号、程序段（程序内容）、程序结束三部分组成。

4. 程序结束部分位于程序的最后一段，FANUC 系统常用____________指令，表示加工完毕，机床运动停止，数控系统复位，并返回至程序段开始。

5. 程序段是程序的主要组成部分，一个程序段由若干个功能____________组成，用来指定一个加工（操作）步骤。

6. 一般来说，绝大多数____代码以及全部 S、F、T 代码均为模态代码。

7. 为防止编程时出现指令代码遗漏现象，在 CNC 中设立了_______________代码，这些代码在开机或系统复位时可以自动生效。

8. 数控编程一般分为手工编程和_______________两种。

9. __________________是指借助 CAD/CAM 软件（例如，UG NX、MasterCAM、CAXA 等）进行数控加工程序的编制。

10. 对于几何形状简单、指令不多的零件，采用________________比较方便。

11. 对于几何形状复杂的零件，或者需要进行复杂工艺处理的零件，通常采用________________。

12. 就机床的选择而言，应根据零件的形状、尺寸、加工数量及各项技术要求等合理选用。对于轴类、盘类、成形回转类零件，可选用________________。

13. 任何一个零件的轮廓都是由不同的几何元素（如直线、圆弧、二次曲线、阿基米德螺线等）组成，各几何元素间的连接点称为________。

14. 逼近曲线与被加工曲线的交点称为________。

二、判断题

1. 刀具在机床上的位置由其换刀点位置来表示，并由加工程序（指令）来描述。（　　）

2. 数控编程就是根据工艺路线及工件坐标系，得到加工所用刀具的刀位点数据。（　）

3. 零件加工程序是描述零件加工过程指令代码的集合。（　）

4. 一般来说，绝大多数 G 代码以及全部 S、F、T 代码均为非模态代码。（　）

5. 任何一个零件的轮廓都是由不同的几何元素组成，各几何元素间的连接点称为节点。（　）

三、选择题

1. 下列关于零件加工程序的描述中，（　）是正确的。
   A. 不同的数控系统，其程序格式完全相同
   B. 每一种数控系统，都有一定的程序格式
   C. 零件加工程序中的坐标值是基于机床坐标系得来的
   D. 所有数控系统的编程代码都是通用的

2. 下列关于指令代码的描述中，（　）是错误的。
   A. 模态代码是一旦指定、一直有效的代码
   B. 一旦指定、一直有效的代码是非模态代码
   C. 绝大多数 G 代码均为模态代码
   D. S、F、T 代码均为模态代码

3. 自动编程软件不包括（　）。
   A. UG NX　　B. CAXA　　C. AutoCAD　　D. MasterCAM

4. 下列加工图例中，（　）可以通过手工编程加工完成。

A.

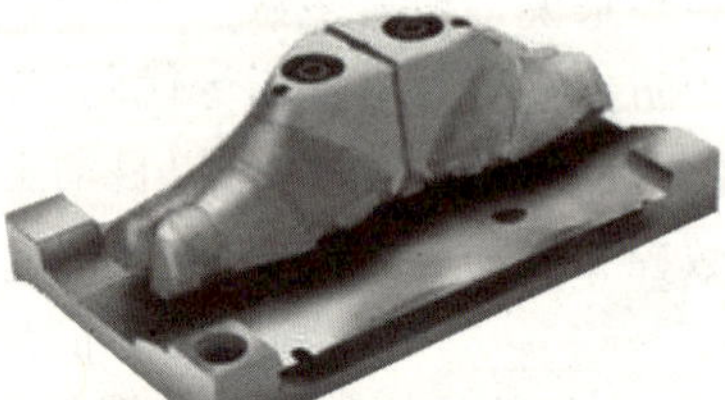

B.

C.

D.

5. 就机床的选择而言，（　）可选用数控车床加工。
   A. 箱体类、盖板类、壳体类、平面凸轮类零件
   B. 轴类、盘类、成形回转类零件
   C. 一般曲面类零件
   D. 复杂曲面、叶轮、复杂模具零件

6. 下列描述中，错误的是（　　）。

A. 基点坐标值是编程中的主要数据

B. 双曲线、抛物线、阿基米德螺线的数控加工通常采用自动编程或宏程序编程

C. 在只有直线和圆弧插补功能的数控机床上加工时，通常采用逼近法编程

D. 数控系统通常具有双曲线、抛物线、阿基米德螺线的插补功能

四、简答题

简述零件加工程序的组成及一个完整程序段应具备的六个要素。

五、计算题

1. 试根据如图 1—4—1 所示零件图，完成各基点坐标值的计算，并填入表 1—4—1 中。

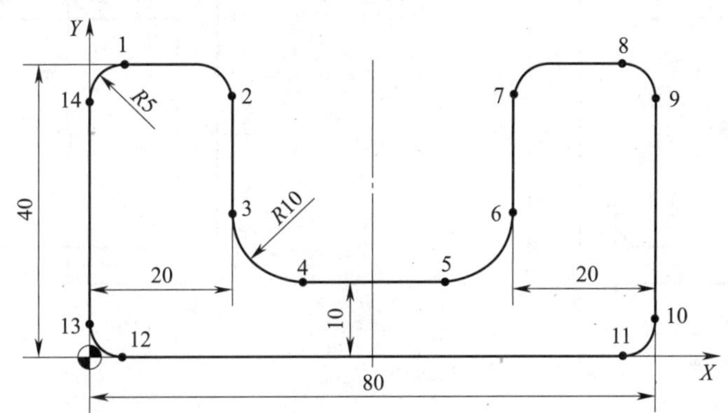

图 1—4—1　零件图

表 1—4—1　　**各基点坐标值**

基点	X	Y
1		
2		
3		
4		
5		
6		
7		
8		
9		

续表

基点	X	Y
10		
11		
12		
13		
14		

2. 试根据如图 1—4—2 所示零件加工图样及加工路线图（使用 ϕ16 mm 立铣刀），完成各基点坐标值的计算，并填入表 1—4—2 中。

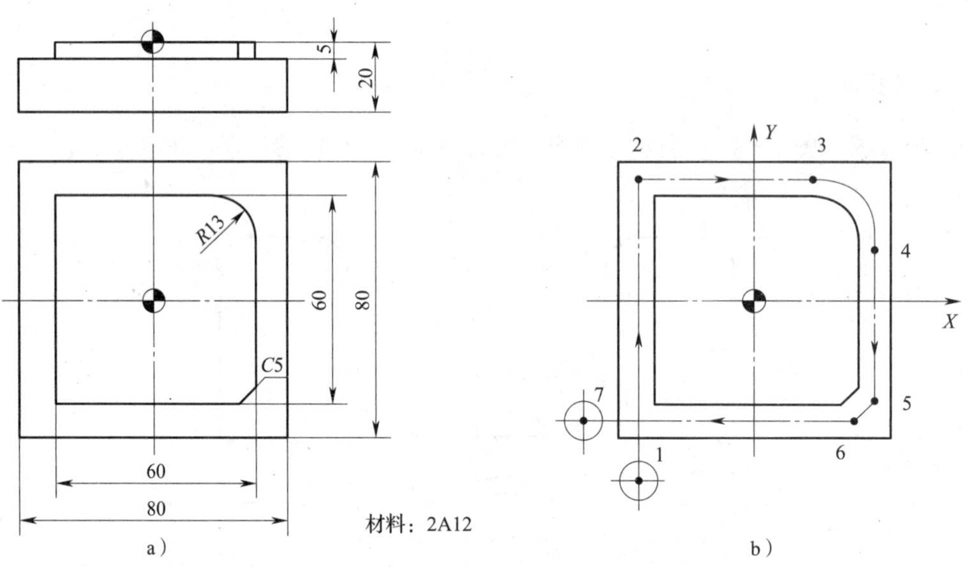

图 1—4—2　零件加工图样及加工路线图
a）零件加工图样　b）加工路线图

表 1—4—2　　各基点坐标值

基点	X	Y
1		
2		
3		
4		
5		
6		
7		

第二章　数控车削加工

第一节　数控车床操作

一、填空题

1. 数控车床主要由车床本体和数控系统两大部分组成。车床本体主要包括________________、____________、____________________、________、________、________、________________、________________和________________等部件构成。

2. 常用的刀架一般有____________________电动刀架和____________电动刀架，用于安装________________，通过________________来实现刀具的交换。

3. 数控车床的进给运动由____________________通过____________直接与________________连接来实现。

4. 数控车床面板由________________________和________________________两部分组成。

5. FANUC 0i Mate－TD 系统操作面板主要由____________和____________________________两部分组成。其中显示屏通常有____和____两种。

6. 如果 CRT 显示画面显示“EMG”报警画面，可松开________________________并按下________________________数秒后，系统将________________。

7. 数控车床关机一般先按下________________________，再关闭________________________________，最后关闭机床总电源。

8. 数控车床的回零操作一般应按先回________后回________的顺序进行。

9. 手轮操作中的移动倍率“×1”表示刀具移动____________ mm，“×10”表示刀具移动____________ mm，“×100”表示刀具移动________ mm。

10. 机床一开机时要使机床主轴按 500 r/min 正转，先按____________________，输入________________________________，再按________________________即可完成。

11. 数控车刀一般由________、________________、________、________________四部分组成。

12. 常用的对刀方法有____________________、____________________、____________________。

13. 建立新程序的步骤是将方式选择旋钮旋至________________模式，按下____________________________功能键，显示屏进入编辑界面后，输入程序名__________________；按下________键，程序即建立成功。

14. 删除单个程序的操作步骤是将方式选择旋钮旋至________方式下，按下____________________________按钮，输入________________________________，再按下________________即可完成。

15. 程序编制过程中程序字的插入用__________________按钮，而参数或补偿值的输入用________________按钮。

16. 数控系统校验加工程序的常见方法包括________________________、____________________和____三种。

17. 解释各按钮含义：CAN 表示____，OFFSET SETTING 表示________________________________，ALARM 表示________________________。

18. 刀具圆弧半径补偿值的输入要先按 MDI 键盘中的______________________________功能键，再按水平软键中的________及________后，在刀具偏置参数画面中相应位置输入即可。

19. 机床的空运行检验是____。

20. 数控机床的自动加工形式有________、______________、________、____________和________________等。

二、判断题

1. 当出现紧急情况而按下急停按钮时，在屏幕上出现“EMG”字样，机床报警指示灯亮。（　）

2. 数控机床的主电动机与冷却箱置于床身右侧的底座内部。（　）

3. 数控车床的尾座在加工中对工件起支撑作用，但不可以进行孔加工动作。（　）

4. 数控系统面板主要由数控系统生产厂家原装配置，只要系统型号相同，其功能键的含义及位置也相同。（　）

5. MDI 功能键中的“INSERT”按键用于程序编辑过程中程序字的替代。（　）

6. 数控车床上轴向进给速度可通过旋转按钮进行快慢调节，调节范围为 0～150%。（　）

7. 在任何情况下，前面加“/”符号的程序段在自动加工中不受任何影响。（　）

8. 在自动加工的空运行状态下刀具的移动速度与程序指令中进给速度无关。（　）

9. 数控车床在手动模式下，不可以同时控制两个轴的手动进给来加工成形面或弧面。（　）

10. 图形显示功能可用来校验程序。（　）

11. FANUC 系统手动回零操作时，返回点不能离参考点太近，不然数控车床会产生超程报警。（　）

12. 在自动模式下，按下“RESET”复位键即可使程序段中光标回到程序段起始位置。（　）

13. 模式选择按钮中，“编辑”“手动”“回零”等，均为单选按钮，操作时只能选择其中的一个，不能复选。（　）

14. “自动”加工方式下，“单段”“空运行”“机床锁住”“选择停止”等，操作时只能

选择其中的一个，不能复选。 （ ）

15. 关机时，如有外部输入、输出设备接到机床上，要先关闭外部设备的电源，再关闭机床设备电源开关。 （ ）

16. “ALARM”功能键可用于消除数控系统的报警信号。 （ ）

17. 坐标显示平面上的坐标轴图标由“◯”变成“◕”时，即表示该坐标轴已回零完成。 （ ）

18. 程序编辑时进行的任何修改，均立即被存储。 （ ）

19. 只有在“MDI”或“编辑”方式下，才可进行程序段的输入操作。 （ ）

20. 机床回零操作的机床原点位置必须与机床参考点位置一致。 （ ）

三、选择题

1. 出现（ ）情况时，机床不必重新回零操作。
   A. 机床断电后重新接通电源　B. 机床解除急停状态后
   C. 工件加工结束后　D. 机床超程报警解除后
2. 模式选择按钮中没有（ ）按钮。
   A. 自动　B. 编辑　C. 手动　D. 空运行
3. 按下“POS”功能键后，再按［综合］软键，机床CRT显示屏画面中不会出现（ ）。
   A. 工件坐标　B. 机械坐标　C. 绝对坐标　D. 相对坐标
4. 刀尖圆弧半径值的输入要按（ ）键。
   A. INSERT　B. INPUT　C. ［+输入］软键　D. ［测量］软键
5. 在“编辑”模式下，要删除一个当前输入的字符，要按（ ）键。
   A. DELETE　B. ALTER　C. CAN　D. BACKSPACE
6. “DELETE”键不能完成的操作是（ ）。
   A. 一次删除存储器中的多个程序　B. 一次删除一个程序段中的多个程序字
   C. 一次删除存储器中的所有程序　D. 一次删除一个程序中的多个程序段
7. 图形显示功能键检测程序正确性必须在（ ）方式下使用。
   A. 自动　B. MDI　C. 手动　D. 手轮
8. 手动回零操作必须在（ ）方式下方可进行。
   A. MDI　B. REF POINT　C. 手动　D. 手轮
9. 下列选项中，不正确的是（ ）。
   A. 使用自动运行功能之前，机床刀架必须回参考点
   B. 零件程序未处于执行状态时，方可进行编辑
   C. 在回参考点过程中，若松开 X 轴或 Z 轴正向移动键，机床会停止动作
   D. 自动加工时，“进给速度倍率”旋钮对快速运行无效
10. 顺时针旋转手摇脉冲器一格，X 轴将向（ ）移动一格增量值。
    A. 正向　B. 负向
    C. 正向和负向都有可能　D. 先正向后负向
11. 在“自动”运行的“机床锁住”模式下，（ ）是机床仍能运行的动作。
    A. 设定主轴转速　B. 主轴进给

C. 手动进给　　　　　　　　　　D. 快速移动

12. 将手轮倍率开关置于“×100”位置，手轮旋转180°，刀具移动距离为（　　）mm。

A. 0.005　　B. 0.5　　C. 5　　D. 50

13. 数控系统在（　　）方式下编辑的程序不能被存储。

A. MDI　　B. 编辑　　C. DNC　　D. 以上均是

14. 在自动运行状态下，按下循环暂停键，机床的（　　）功能将停止执行。

A. 主轴转速　　　　　　　　　　B. 刀具移动

C. 冷却、润滑　　　　　　　　　D. 以上均是

15. 在FANUC 0i Mate—TD系统中，在程序编辑状态下输入“O—9999”后按下“DELETE”键，则（　　）。

A. 删除当前显示的程序　　　　　B. 不能删除程序

C. 删除存储器中所有程序　　　　D. 出现报警信息

16. 在下列按键中，与按键“单段”复选后有效的是（　　）键。

A. 自动　　B. 编辑　　C. 手动　　D. 以上均是

四、简答题

1. 简述机床开机和关机的操作步骤。

2. 简述回参考点的操作步骤。

3. 简述用试切法外圆车刀 X 轴和 Z 轴的对刀过程。

4. 简述新建程序、打开程序和删除程序的操作步骤。

5. 如果$+X$轴向发生超行程极限报警，该如何解除？

第二节　数控车削指令

一、填空题

1. 数控系统功能有________________、________________、________________、主轴功能、进给功能、坐标功能等。

2. 辅助功能主要控制________________、________________、________________等辅助动作。

3. 辅助功能由地址____和____________________________组成，M00～M99共100种。

4. 数控车床的刀具功能用地址T及后缀的4位数字来表示。其中，前两位数字用于指定____________，后两位数字用于指定____________。

5. 进给功能用来指定____________________________或____________________，由地址____和____________________组成。

6. “G98 G01…F1.5”表示刀具的进给速度是______________________________，“G97 G01…S500”表示主轴转速为______________________________。

7. 主轴正转用指令____________表示，主轴反转用指令____________表示，主轴停止用指令____________表示。

8. *XY*坐标平面可以用____________表示，*ZX*坐标平面可以用____________表示，*YZ*坐标平面可以用____________表示。

9. 快速定位指令为____________，直线插补指令为____________，直线插补指令中必须含有____指令。

10. “G01 X（U）__Z（W）__F__；”中的X__ Z__表示____；U__W__表示____。

11. “G02/G03 X（U）__Z（W）__I__ K__F__”中的I__ K__为________相对于______________的增量坐标。

12. 圆弧半径R值有正负之分。当圆弧圆心角____________________________________时，程序中的R值取正值；当圆弧圆心角____时，R值用负值表示。

13. M00指令为程序暂停。该指令执行后，机床________________会被暂停，要继续执行M00后面的程序必须按下________________按钮。

14. FANUC 系统中，M02 指令表示________________，M08 指令表示________________，M99 指令表示____________________。

15. 指令“G90 X（U）__ Z（W）__ R__ F__；”中的 R 值的大小为圆锥面切削________减________的半径值。

16. 指令“G94 X（U）__ Z（W）__ R__ F__；”中的 R 值的大小为切削起点与圆锥的切削终点____________________________。

17. 对于数控车床循环指令，选择的程序循环起始点的位置既是程序循环的________________，又是程序循环的________________，一般选择在离开工件____________________的地方。

18. FANUC 系统数控车床内、外圆切削单一固定循环用指令____________来指定，而端面切削循环则采用指令____________来指定。

19. G70 指令用在____________、____________和____________指令的程序内容之后，不能单独使用。

20. FANUC 系统数控车床中的递增型轮廓外圆粗车复合固定循环用指令______来实现，精车循环指令则用指令____________来实现，精车循环指令格式为____。

21. G71 粗车复合循环指令中的参数“U（Δd）”用以指定________________________________，而参数“U（Δu）”则用于指定________________________的大小和方向。

22. G70 精车复合循环指令中的参数“P（ns）”用以指定精车程序________________________________，而参数“Q（nf）”则用于指定精车程序____。

23. 采用 G71 粗车循环指令编程时，其轮廓外形必须采用________或________的形式，否则会产生凹形轮廓不是分层切削而是在________时一次性切削的情况。

24. FANUC 系统数控车床中的平端面粗车固定循环用指令____________来实现，参数“W（Δd）”用以指定 Z 向____________________，而参数“W（Δw）”则用于指定 Z 向________________的大小和方向。

25. FANUC 系统数控车床中的多重复合循环用指令________________来实现，参数“U（Δi）”用以指定____，而参数“W（Δk）”则用于指定____。

26. 多重复合循环指令中的参数“R（d）”表示__________________，而 G71 和 G72 指令中的参数“R（e）”则用于表示____________。

27. 固定循环指令 G71 编写内孔加工程序时，应注意其精加工余量为____，即指令中的____________取负值。

28. 内孔车刀的刀尖应与工件中心____________________。如果装得低于中心，由于切削抗力的作用，容易将刀柄压低而产生扎刀现象，并可造成孔径________。

29. 孔径尺寸精度要求较低时，可采用钢直尺、内卡钳或游标卡尺测量；精度要求较高时，可用____________________或________________测量；标准孔还可以采用________测量。

30. FANUC 系统数控车床中的径向切槽固定循环用指令________________来实现，而端面切槽固定循环则用指令________来实现。

31. 采用指令“G75 R (e)；G75 X (U) _ Z (W) _ P _ Q _ R _ F _；”进行编程时，指令中的参数“X (U) _ Z (W) _”用于表示________________。

32. G75 指令中的参数“P (Δi)”表示____________________，而参数“Q (Δk)”则用于表示刀具完成一次切深后，在____________________。

33. 粗加工选择切削用量时，应首先选取尽可能大的__________；其次根据机床动力和刚度的限制条件，选取尽可能大的________；最后根据刀具使用寿命要求，确定合适的________。

34. 加工螺纹时，必须设置合理的导入距离 δ_1 和导出距离 δ_2，一般情况下，导入距离 δ_1 取__________，而导出距离 δ_2 则取__________。

35. 普通螺纹是我国应用最为广泛的一种三角形螺纹，牙型角为______，分为____普通螺纹和____普通螺纹两种。

36. 细牙普通螺纹代号用字母__及________×____表示，左旋螺纹应在螺纹标记的末尾处加注____字，未注明的是右旋螺纹。

37. FANUC 系统指令“G92 X (U) _ Z (W) _ F _ R _；”中的参数“X (U) Z (W) _”表示______________的坐标，参数“R”是__________________的 X 坐标减去__________处的 X 坐标所得差的二分之一。

38. FANUC 系统数控车床复合固定循环指令 G76 中的参数“P020530”中“02”表示________________，“05”表示____________________，“30”表示____________________。

39. 机床的加工程序可以分为______和________两种。

40. 子程序只能通过________进行调用，一般都不可以作为独立的加工程序使用。

41. FANUC 0i 系统指令“M98P30L30”中的 P30 表示__________________，而 L30 则表示____________________。

42. 子程序调用另一个子程序，这一功能称为子程序的______。一般情况下，FANUC 0i 系统中的子程序可实现__级嵌套。

43. FANUC 系统中，用于子程序调用结束后返回主程序的指令是________。

44. 把在一个程序中多次出现，或者在几个程序中都要使用的一组______，做成________，并单独加以命名，这组程序段就称为________。

45. FANUC 系统中，常用于子程序调用的格式有两种，即格式一，________________________和格式二，__________________________，数控车床常采用第二种子程序调用格式。

46. 数控车床的刀尖圆弧半径补偿又分为________________和________________两种。

47. 刀位点是指编制程序和加工时，用于表示__________的点，尖形车刀的刀位点通常是指刀具的________。

48. 数控车床使用刀尖圆弧半径左补偿时，向着____坐标轴的负方向并沿着刀具的

__________看，刀具处在加工轮廓的__________。

49. 根据刀尖的________和____________的不同，数控车刀的刀沿位置共有____种。

50. 刀尖圆弧半径补偿过程分为____________________、________________和____________________三步。

51. 数控车床采用圆弧车刀加工圆弧面，如不采用刀尖圆弧半径补偿，则加工外凸圆弧时，会使加工后的圆弧半径变________，加工内凹圆弧时，会使加工后的圆弧半径变________。

52. 刀尖圆弧半径补偿指令中，G41 表示____；G42 表示____；G40 表示____。

二、判断题

1. G 指令由地址 G 和后缀的两位数字组成，从 G00 到 G99 一共有 100 种。（　）

2. 同一程序段中，既有 M 指令又有其他指令时，先执行 M 指令。（　）

3. 采用 FANUC 系统的数控车床开机默认的平面选择指令为 G17。（　）

4. 数控车床编程有绝对值和增量值之分，在一个程序段中不允许它们同时存在。（　）

5. G 代码有模态、非模态之分，M 代码没有模态、非模态之分。（　）

6. G00 指令的轨迹既可以是直线轨迹，也可以是折线轨迹；而 G01 指令的轨迹则必定是直线轨迹。（　）

7. 执行指令"G00 U50.0 W50.0;"，刀具从当前点快速定位至工件坐标系中的点(50.0，50.0) 处。（　）

8. FANUC 系统数控车床中，切削液开用 M08 表示，切削液关用 M09 表示。（　）

9. 当按下机床操作控制面板上的"选择停止"开关后，M01 的执行过程和 M00 的执行过程相同。（　）

10. 指令"G02 (03) X__Z__I__K__;"中的 I 值为直径量。（　）

11. 指令"G02 X__Z__R__;"不能用于编写整圆的插补程序。（　）

12. 圆弧编程中的 I、K 值和 R 值均有正负值之分。（　）

13. 圆弧加工指令是指从 Y 轴负方向看，顺时针用 G02 表示。（　）

14. FANUC 系统单一循环指令"G90 X (U) __Z (W) __;"中的 G90 指定绝对坐标系。（　）

15. FANUC 系统指令"G90 X (U) __Z (W) __R__F__;"中的 R 指定圆弧半径。（　）

16. FANUC 系统单一固定循环指令 G90 中的进给量 F 必须在 G90 指令中指定，不能沿用 G90 指令前指定的 F 值。（　）

17. FANUC 系统单一固定循环指令 G94 中的 R 值有正负之分。（　）

18. 如果在单段运行方式下执行循环，若每一循环分 4 段进行，执行过程中必须按 4 次循环启动按钮。（　）

19. G90 指令切削圆锥面时有两种分层方法，分别为改变 R 值和改变 X 值分层法。（　）

20. 在 G71、G72 与 G73 切削循环中，*ns*～*nf* 程序段内只能有 G00 或 G01 指令。 (   )

21. 执行 G71 粗车循环，刀具运行从循环起点开始，循环结束后刀具必定返回循环起点。 (   )

22. G71 指令中的 F 和 S 值是指粗加工循环中的 F 和 S 值，该值一经指定，则在粗车循环执行过程中，程序段段号 *ns* 和 *nf* 之间所有的 F 和 S 值均无效。 (   )

23. 在固定循环指令前指定的 S 值为 400 r/min，循环指令中指定的 S 值为 600 r/min，而 *ns* 程序段号中没有指定的 S 值，则精加工过程中执行的 S 为 400 r/min。 (   )

24. 数控加工中，采用加工路线最短的原则确定走刀路线既可以减少空刀时间，又可以减少程序段。 (   )

25. G71、G72 指令都用于完成非成形毛坯的成形粗加工；G73 则用于成形毛坯的粗加工。 (   )

26. G70 指令通常和粗车指令 G71、G72、G73 一起配合使用。 (   )

27. 采用 FANUC 0i 的多重复合循环指令编程时，其轮廓外形必须采用单调递增或单调递减的形式，否则会产生凹形轮廓不是分层切削而是在半精加工时一次性切削的情况。 (   )

28. G73 指令中，*ns* 程序段可以向 *X* 轴或 *Z* 轴的任意方向进刀。 (   )

29. 在 G71、G72、G73 程序段中的 ΔW、ΔU 是指精加工余量值，该值按其余量的方向有正、负之分。 (   )

30. G73 指令中的 Δi、Δk 值也有正、负之分，其正负值是根据刀具位置和进退刀方式来判定的。 (   )

31. G75 循环指令执行过程中，*X* 向每次切深量均相等。 (   )

32. 采用 G74 指令进行钻孔加工时，指令中的参数 P（Δi）必须指定为 0。 (   )

33. 采用 G75 编程时，循环起点为（X32.0，Z－15.0），切槽的终点为（X28.0，Z－15.0），指令中参数 P（Δi）指定为“P1200”，则程序执行过程中要执行 3 次切深。 (   )

34. 切槽刀的刀头部分不应取得太长或太短，一般取长度＝槽深＋2～3 mm。 (   )

35. 在切槽加工过程中，进给量过大或切屑堵塞，均会使切槽刀在切削过程中出现扎刀现象。 (   )

36. 粗牙普通螺纹螺距是标准螺距，其代号中不必标注螺距。 (   )

37. FANUC 系统 G92 指令中的 R 值有正负之分。 (   )

38. G32 指令是 FANUC 系统中用于加工螺纹的单一固定循环指令。 (   )

39. 在 G92 指令执行过程中，机床面板上的进给速度倍率旋钮和主轴速度倍率旋钮均无效。 (   )

40. FANUC 系统的 G32 指令只能用于加工圆柱螺纹，不能用于加工圆锥螺纹。 (   )

41. G76 指令为非模态指令，所以必须每次指定。 (   )

42. 采用 G76 指令加工螺纹时，加工过程中的进刀方式是沿牙型一侧面平行方向的斜向进刀。 (   )

43. 采用复合固定循环 G76 指令分层加工螺纹，必须在指令中分别指定每次分层切削

的背吃刀量的大小。 ( )

44. 在复合固定循环 G76 指令中，分别用相应的参数指定粗、精加工过程中分层切削的次数。 ( )

45. 圆锥螺纹在 X 或 Z 方向各有不同的导程，程序中导程 F 的取值以两者较大值为准。 ( )

46. 子程序一般不可以作为独立的加工程序使用，它只能通过主程序进行调用，实现加工中的局部动作。 ( )

47. 在 FANUC 系统中，指令 M02 既可作为主程序结束的标记，也可作为子程序结束的标记。 ( )

48. 子程序采用 M99 为程序结束符。 ( )

49. FANUC 系统中指令“M98P50012”和“M98P512”调用的子程序是同一个子程序。 ( )

50. FANUC 系统中，两种子程序调用格式可以在同一系统中混合使用。 ( )

51. FANUC 系统指令“M98P××××L××××;”中省略了 L××××，则该指令表示调用子程序一次。 ( )

52. FANUC 系统中，刀具半径补偿模式的建立与取消程序段只能在 G00 或 G01 移动指令模式下才有效。 ( )

53. 数控车床子程序中不能使用刀尖圆弧半径补偿。 ( )

54. FANUC 系统数控车床用指令“T××D××”中的参数“D××”来指定刀尖圆弧半径的大小。 ( )

55. 数控车床的刀架可分为前置刀架和后置刀架两种。 ( )

56. 每把车削刀具的刀沿号及刀尖半径补偿值，必须在应用刀补前预先设置。 ( )

三、选择题

1. 数控编程时，应首先设定（ ）。
   A. 机床原点 B. 机床参考点 C. 机床坐标系 D. 工件坐标系

2. 下列指令中（ ）是模态指令。
   A. G90、G98、M03 B. G90、G00、M06
   C. G21、G90、M00 D. G90、G04、M04

3. （ ）是 FANUC 系统中表示点的混合坐标。
   A. U20.0 W10.0 B. X20.0 Z10.0
   C. X20.0 W10.0 D. X20.0 Z=IC（10.0）

4. 下列指令中（ ）是辅助功能指令。
   A. G90 B. S600 C. Y90.0 D. M04

5. 下列 FANUC 系统指令中，用于表示转速单位为 r/min 的 G 指令是（ ）。
   A. G96 B. G97 C. G98 D. G99

6. “G00 G01 G02 G03 X100.0 …;”该指令中实际有效的 G 代码是（ ）。
   A. G00 B. G01 C. G02 D. G03

7. 下列轨迹中，G00 的轨迹可能是（ ）。

A. 直线　　B. 斜直线　　C. 折线　　D. 以上皆有可能

8. 下列指令中，无须用户指定速度的指令是（　　）。

A. G00　　B. G01　　C. G02　　D. G03

9. 加工如图 2—2—1 所示 *AB* 和 *CD* 圆弧，所使用的指令分别为（　　）。

A. G02 和 G03　　B. G03 和 G02　　C. G02 和 G02　　D. G03 和 G03

10. 加工如图 2—2—2 所示圆弧，以下正确的圆弧指令是（　　）。

A. G02 X50.0 Z150.0 R100.0;

B. G02 X50.0 Z150.0 R−100.0;

C. G03 X50.0 Z150.0 R100.0;

D. G03 X50.0 Z150.0 R−100.0;

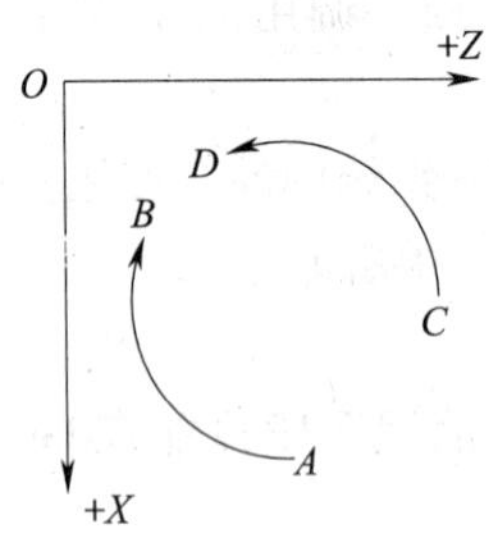

图 2—2—1　加工顺/逆时针圆弧

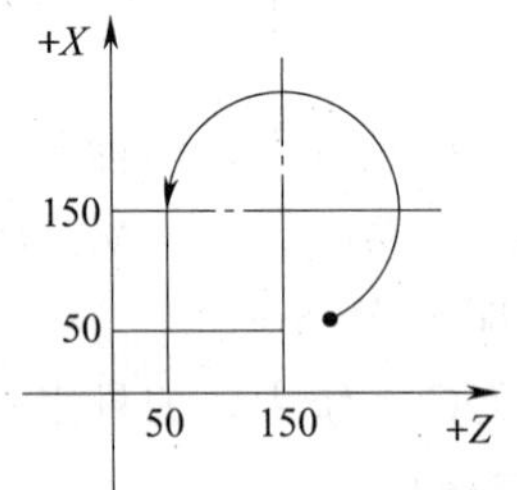

图 2—2—2　加工优弧

11. 圆弧编程中的 I、K 值是指（　　）的矢量值。

A. 起点到圆心　　B. 终点到圆心　　C. 圆心到起点　　D. 圆心到终点

12. 数控车床采用圆弧形车刀加工外圆锥面时，如果不采用刀尖圆弧半径补偿，则加工后锥面的大小端实际尺寸与既定尺寸相比会（　　）。

A. 变大　　B. 变小

C. 没有变化　　D. 可能变大也可能变小

13. 图 2—2—3 所示单一固定循环切削指令中 R 值分别为（　　）。

A. 正和正　　B. 负和负　　C. 正和负　　D. 负和正

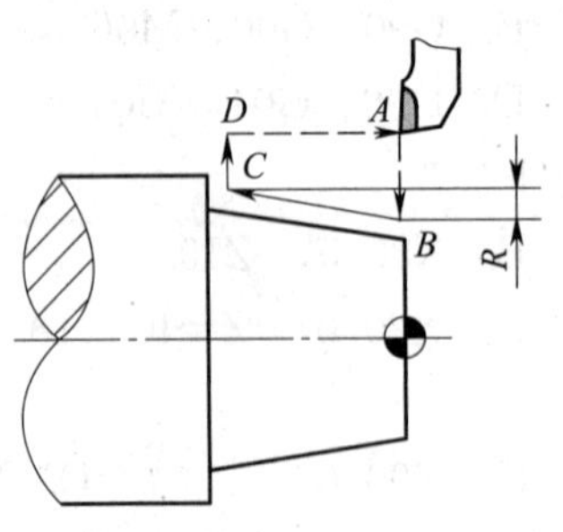

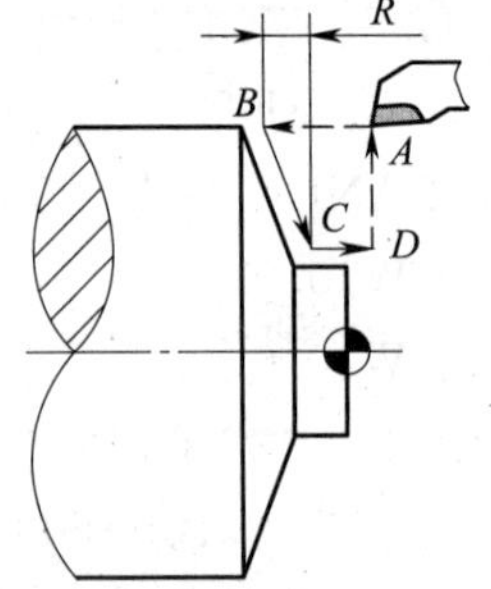

图 2—2—3　用单一固定循环指令切削

14. 图 2—2—4 所示工件的加工指令为（　　）（循环起点坐标：X42.0 Z0.0）。

A. G90 X40.0 Z−20.0 R6.0 F100;　　B. G90 X40.0 Z−20.0 R—6.0 F100;

C. G90 X40.0 Z−20.0 R12.0 F100;　　D. G90 X40.0 Z−20.0 R—12.0 F100;

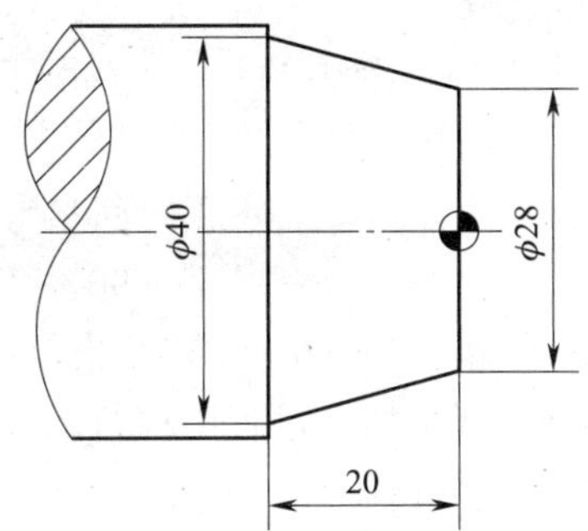

图 2—2—4　加工工件

15. 关于采用 G71 指令编程时精加工余量选择，下列选项中正确的是（　　）。

A. X 向精车余量的取值一般大于 Z 向精车余量的取值

B. X 向精车余量的取值一般小于 Z 向精车余量的取值

C. X 向精车余量的取值一般等于 Z 向精车余量的取值

D. 以上三种均可

16. 如果在固定循环方式下，又指令了 M、S、T 功能，则 M、S、T 功能（　　）。

A. 和固定循环同时执行　　B. 在固定循环后执行

C. 在固定循环前执行　　D. 以上均有可能

17. 指令"G71 U（Δd）R（e）；G71 P（ns）Q（nf）U（Δu）W（Δw）F _ S _ T _；"中的 R（e）表示（　　）。

A. X 方向每次进刀量　　B. X 方向每次退刀量

C. Z 方向每次进刀量　　D. Z 方向每次退刀量

18. 指令"G71 U（Δd）R（e）；G71 P（ns）Q（nf）U（Δu）W（Δw）F _ S _ T _；"中，关于参数 Δu 的属性描述，正确的是（　　）。

A. 半径量，有正负之分　　B. 半径量，均为正值

C. 直径量，有正负之分　　D. 直径量，均为正值

19. 在 FANUC 系统数控车床的 G71 循环中，ns 程序段必须（　　）。

A. 沿 X 向进刀，且不能出现 Z 坐标　　B. 沿 Z 向进刀，且不能出现 X 坐标

C. 同时沿 X 向和 Z 向进刀　　D. 无特殊的要求

20. 在 FANUC 系统 G72 循环指令"G72 W（Δd）R（e）；G72 P（ns）Q（nf）U（Δu）W（Δw）；"中，关于参数 W（Δd）的属性描述，正确的是（　　）。

A. X 向背吃刀量，半径量　　B. X 向背吃刀量，直径量

C. Z 向背吃刀量，有正负之分　　D. Z 向背吃刀量，始终为正值

21. 下列固定循环中，ns 程序段必须沿 Z 向进刀，且不能出现 X 坐标的固定循环是（　　）。

A. G71　　B. G72　　C. G73　　D. G70

22. 指令"G72 W（Δd）R（e）；G72 P（ns）Q（nf）U（Δu）W（Δw）；"中，关于参数 R（e）的属性描述，正确的是（　　）。

A. X 向退刀量，有正负之分　　B. X 向退刀量，均为正值

C. *Z* 向退刀量，有正负之分　　D. *Z* 向退刀量，均为正值

23. FANUC 数控车复合固定循环指令中的 *ns*～*nf* 程序段出现（　　）指令时，不会出现程序报警。

A. 固定循环　　B. 回参考点

C. 螺纹切削　　D. 90°～180°圆弧加工

24. 在 G72 指令前指定的 F 值为 0.3 mm/r，G72 指令中指定的 F 值为 0.2 mm/r，*ns* 程序段中指定的 F 值为 0.1 mm/r，则精加工过程中执行的 F 值为（　　）。

A. 0.3 mm/r　　B. 0.2 mm/r　　C. 0.1 mm/r　　D. 0.05 mm/r

25. 对于径向尺寸要求比较高、轮廓形状单调递增、轴向切削尺寸大于径向切削尺寸的毛坯类工件进行粗车循环加工时，采用（　　）指令编程较为合适。

A. G71　　B. G72　　C. G73　　D. G74

26. 以下复合固定循环指令中，（　　）指令所描述的工件轮廓形状，没有单调递增或单调递减形式的限制。

A. G70　　B. G71　　C. G72　　D. G73

27. 加工如图 2—2—5 所示内轮廓时，宜选择的复合固定循环指令为（　　）。

A. G71　　B. G72　　C. G73　　D. G74

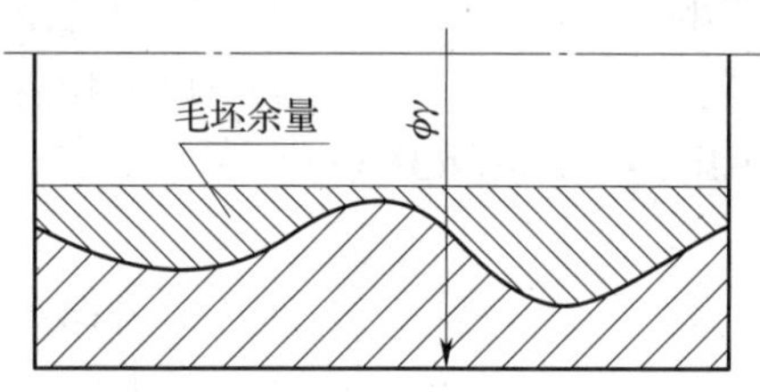

图 2—2—5　加工内轮廓

28. 对于指令"G75 R（*e*）；G75 X（U）_Z（W）_P（Δi）Q（Δk）R（Δd）F_；"中的参数 R（*e*），下列描述不正确的是（　　）。

A. 表示退刀量　　B. 表示半径量　　C. 为模态值　　D. 有正负之分

29. 对于指令"G75 R（*e*）；G75 X（U）_Z（W）_P（Δi）Q（Δk）R（Δd）F_；"中的参数 P（Δi），下列描述不正确的是（　　）。

A. 表示每次切深量　　B. 表示直径量

C. 始终为正值　　D. 不带小数点值

30. 对于指令"G74 R（*e*）；G74 X（U）_Z（W）_P（Δi）Q（Δk）R（Δd）F_；"中的参数 Q（Δk），下列描述正确的是（　　）。

A. 表示 *Z* 向的每次切深量　　B. 表示 X 向每次切深量

C. 该值为固定值，无须用户指定　　D. 该值可指定为 Q2.0

31. 下列指令中，可用于啄式钻孔的指令是（　　）。

A. G73　　B. G74　　C. G75　　D. G76

32. 采用 G75 编程时，循环起点为（X32.0 Z－15.0），切槽的终点为（X28.0 Z－20.0），则 G75 指令中关于参数 P（Δi）的指定，正确的是（　　）。

A. P1.5　　B. P2.5　　C. P1500　　D. P2500

33. 采用G74编程时，循环起点为（X32.0 Z2.0），切槽的终点为（X28.0 Z—5.0），切槽刀宽为4.0 mm，则G74指令中关于参数P（Δi）的指定，正确的是（　　）。

A. P1.5　　B. P2.5　　C. P1 500　　D. P2 500

34. 采用G75编程时，循环起点为（X32.0 Z—15.0），切槽的终点为（X28.0 Z—20.0），指令中参数P（Δi）指定为P1200，则最后一次切深量为（　　）。

A. 1.2 mm　　B. 1.0 mm　　C. 0.8 mm　　D. 0.4 mm

35. 采用G75编程时，循环起点为（X32.0 Z—15.0），切槽的终点为（X28.0 Z—20.0），指令中参数Q（Δk）指定为Q1200，则最后一次平移量为（　　）。

A. 1.2 mm　　B. 0.8 mm　　C. 0.4 mm　　D. 0.2 mm

36. 螺纹标记为M20×1.5LH的螺纹，表示该螺纹为（　　）。

A. 粗牙左旋螺纹，螺距为1.5 mm　　B. 细牙左旋螺纹，螺距为1.5 mm

C. 粗牙右旋螺纹，螺距为1.5 mm　　D. 细牙右旋螺纹，螺距为1.5 mm

37. 车削M24×2的内螺纹（材料为45钢），根据经验公式，底孔直径加工至ϕ（　　）mm较为合适。

A. 24　　B. 22　　C. 26　　D. 21.4

38. 在加工螺纹时，应适当考虑其车削开始时的导入距离，一般取（　　）较为合适。

A. 1～2 mm　　B. 1P　　C. 2P～3P　　D. 5～10 mm

39. 关于FANUC系统车床中的指令G92，下列描述不正确的是（　　）。

A. 内、外螺纹加工指令　　B. 模态指令

C. 单一固定循环指令　　D. 不能用于加工左旋螺纹

40. 对于螺距较大的圆柱螺纹，一般选择（　　）指令编程加工。

A. G32　　B. G34　　C. G76　　D. G92

41. 用FANUC系统指令"G92 X（U）__Z（W）__F__；"加工双头螺纹，则该指令中的F__是指（　　）。

A. 螺纹导程　　B. 螺纹螺距　　C. 每分钟进给量　　D. 螺纹起始角

42. 如果采用G92指令加工螺纹标记为M30×3（P1）的外螺纹，则螺纹指令中的参数F的取值为（　　）。

A. 1　　B. 2　　C. 3　　D. 100

43. 指令"G76 X（U）__Z（W）__R（i）P（k）Q（Δd）F__；"中P（k）用于表示（　　）。

A. 螺纹半径差　　B. 牙型编程高度

C. 螺纹第一刀切削深度　　D. 精加工余量

44. 采用G76指令加工螺纹，参数中关于螺纹牙型角的选择，不能选择（　　）。

A. 80°　　B. 55°　　C. 29°　　D. 15°

45. 指令"G76 P030130 Q（Δd_{min}）R（d）；"中的参数R（d），下列描述正确的是（　　）。

A. 表示精加工次数　　B. 表示总切削次数

C. 表示螺纹加工过程中的退刀量　　D. 表示精加工余量

46. 关于指令"G76 P030130 Q（Δd_{min}）R（d）；"中的参数Q（Δd_{min}），下列描述不正

确的是（　　）。

A. 表示半径量　　B. 表示最小背吃刀量

C. 该值用不带小数点的数值表示　　D. 为模态值

47. FANUC 系统中指令“M98P50012”表示（　　）。

A. 调用子程序 O5001 两次　　B. 调用子程序 O0012 五次

C. 调用子程序 O50012 一次　　D. 子程序调用错误格式

48. 如果主程序用指令“M98P××L5”，则子程序重复执行的次数为（　　）次。

A. 1　　B. 2　　C. 5　　D. 3

49. 以下选项中，作为 FANUC 系统子程序结束的代码是（　　）。

A. M30　　B. M02　　C. M17　　D. M99

50. 如图 2—2—6 所示，采用刀具半径右补偿编程的刀具号是（　　）。

A. T01 和 T03　　B. T02 和 T03　　C. T01 和 T04　　D. T02 和 T04

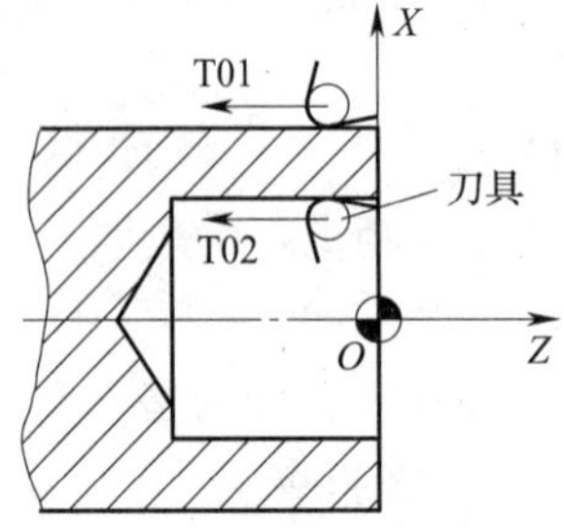

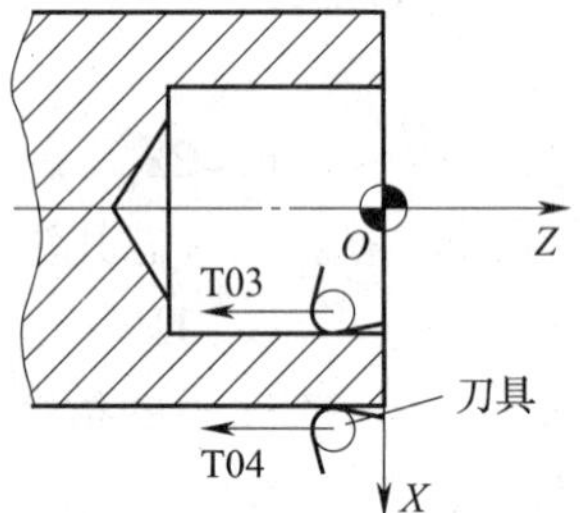

图 2—2—6　采用刀具半径右补偿编程

51. 如图 2—2—6 所示，T04 刀具采用的刀沿号是（　　）。

A. 1 号　　B. 2 号　　C. 3 号　　D. 4 号

52. 如图 2—2—7 所示外圆车刀，刀具的刀位点是指图中的（　　）点。

A. *A*　　B. *B*　　C. *C*　　D. *D*

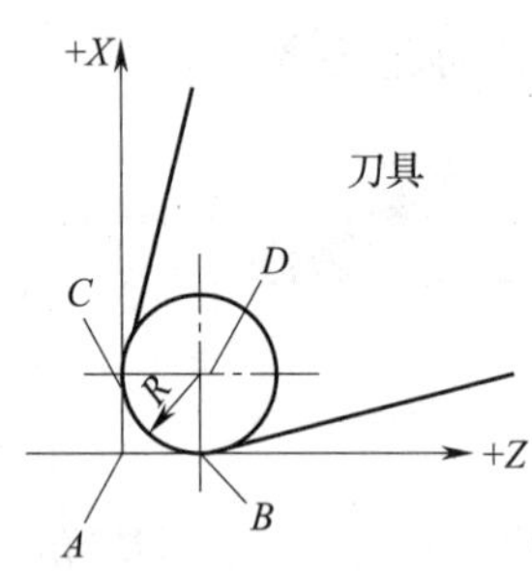

图 2—2—7　外圆车刀

53. 外圆切槽刀具有两个刀尖，这两个刀尖的刀沿号分别为（　　）。

A. 1 号和 2 号　　B. 2 号和 3 号　　C. 3 号和 4 号　　D. 4 号和 5 号

54. 刀位点不是刀具刀尖的数控车刀是（　　）。

A. 外螺纹车刀　　B. 内孔车刀　　C. 外切槽刀　　D. 圆弧车刀

四、简答题

1. 写出 G00 与 G01 指令格式、参数含义及两者之间的区别。

2. 根据如图 2—2—8 所示点的相互位置填写坐标。

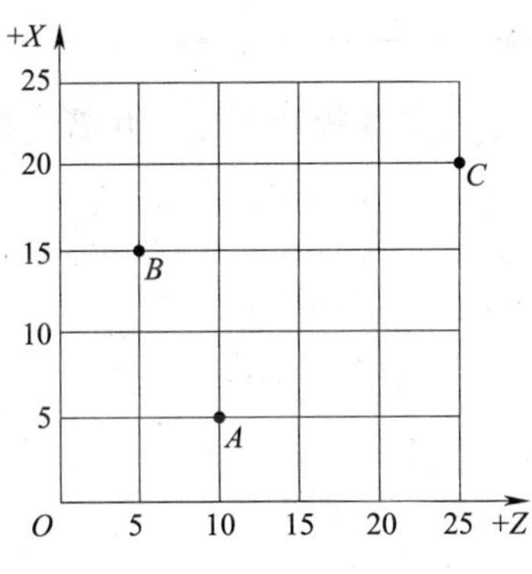

图 2—2—8　点位置图

A 点绝对坐标 X ____________ Z ____________；

B 点绝对坐标 X ____________ Z ____________；

C 点绝对坐标 X ____________ Z ____________；

B 点相对于 *A* 点的增量坐标 U ____________ W ____________；

B 点相对于 *C* 点的增量坐标 U ____________ W ____________；

C 点相对于 *A* 点的增量坐标 U ____________ W ____________。

3. 分别选择绝对坐标和增量坐标方式并采用 G01 指令编写如图 2—2—9 所示 *O* 点至 *D* 点的加工指令，然后将其填入表 2—2—1 中。

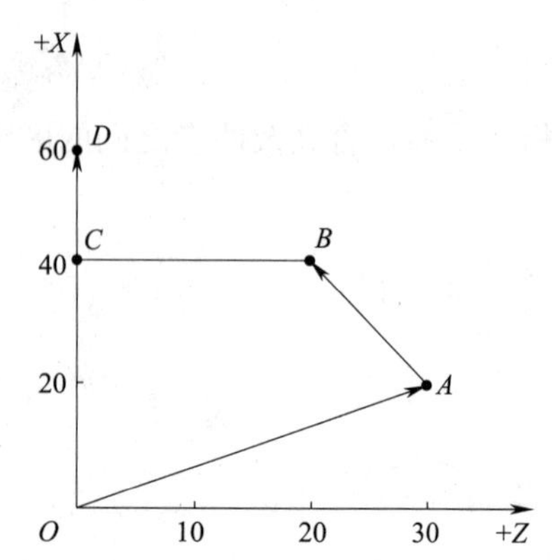

图 2—2—9　采用 G01 指令编写加工指令

表 2—2—1　　　　　　　　O 点至 D 点加工指令

绝对坐标	增量坐标	坐标点

4. 写出 G02/G03 指令的格式及各参数的含义，并简述顺/逆圆弧插补的判别方法。

5. 试写出 FANUC 车床系统中指令 G90 和 G94 的指令格式和功能，说明指令中各参数的含义。

6. 试写出粗车循环指令 G71 的格式，说明指令中各参数的具体含义。

7. 试写出 G73 指令的格式，说明指令中各参数的含义。

8. 试写出切槽复合固定循环 G74 和 G75 指令的格式，说明指令中各参数的含义。

9. 试解释螺纹 M30、M30×1.5—7H 和 M24×2（P2）LH 的标记含义。

10. 试写出 FANUC 系统 G92 指令的格式，简要说明格式中各参数的具体含义。

11. 请说明什么是子程序。

12. 试写出子程序调用的两种格式，说明格式中各参数的含义。

13. 简述刀尖圆弧半径补偿的过程及补偿偏置方向判别的方法。

14．内孔加工时产生振纹的原因有哪些？如何改善？

五、编程题

1．已知毛坯材料为45钢，尺寸为ϕ50 mm×90 mm。试用G00、G01指令编写如图2—2—10所示工件的精加工程序。

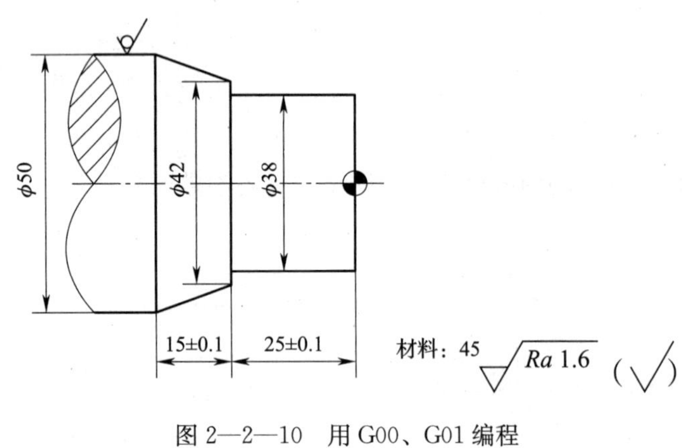

图2—2—10　用G00、G01编程

2. 已知毛坯材料为 45 钢，尺寸为 ϕ50 mm×90 mm。试用 G00、G01、G02、G03 指令编写如图 2—2—11 所示工件精加工程序。

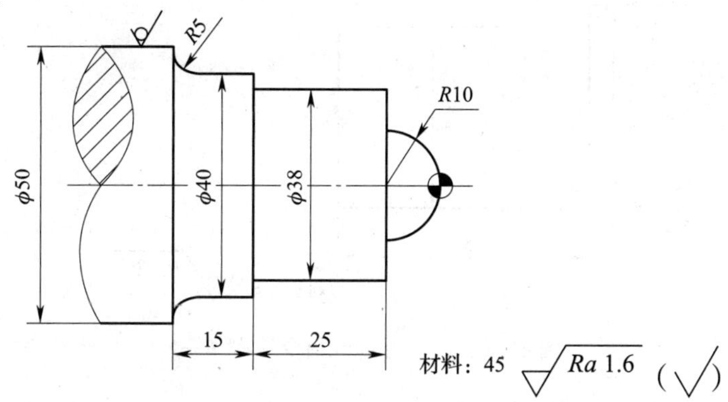

图 2—2—11 用 G00、G01、G02、G03 编程（一）

3. 已知毛坯材料为 45 钢，尺寸为 ϕ50 mm×90 mm。试用 G00、G01、G02、G03 指令编写如图 2—2—12 所示工件精加工程序。

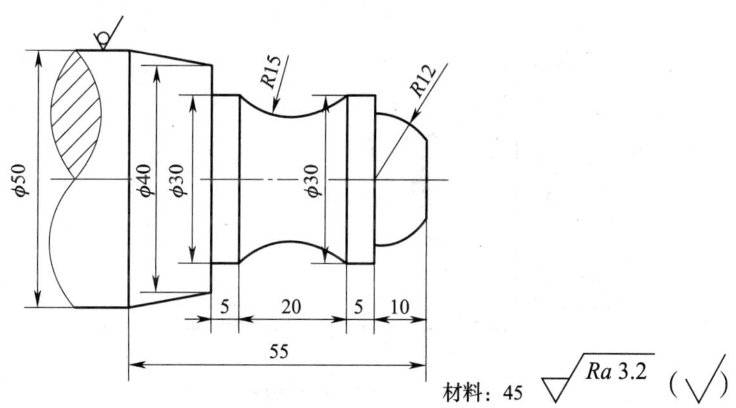

图 2—2—12 用 G00、G01、G02、G03 编程（二）

4. 如图 2—2—13 所示工件，试分析其加工工艺并用 G90 指令编写其粗精加工程序。

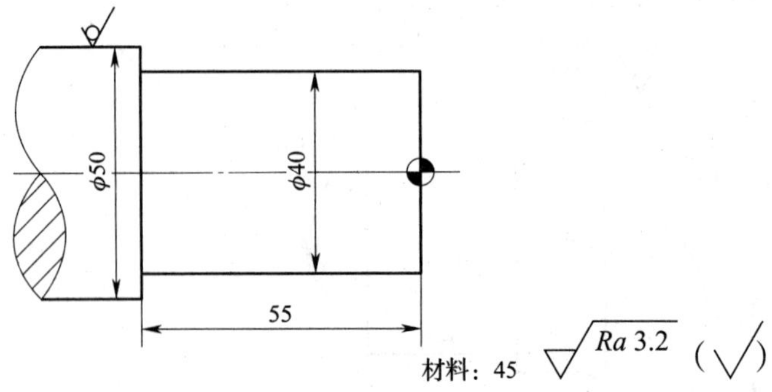

图 2—2—13　用 G90 指令编程（一）

5. 用 G90 指令编写如图 2—2—14 所示零件的粗精加工程序（已知毛坯尺寸为 ϕ50 mm×60 mm）。

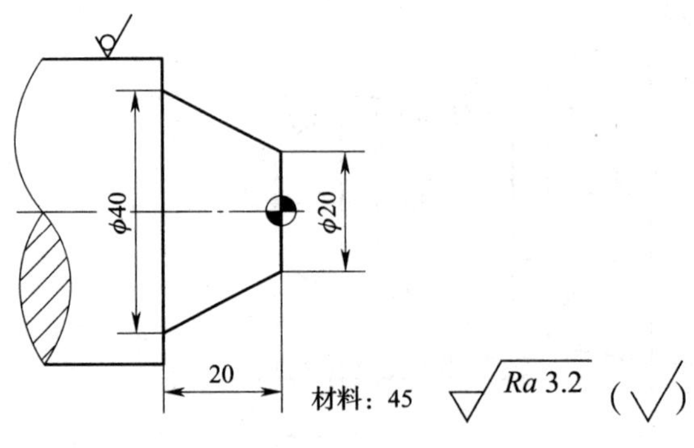

图 2—2—14　用 G90 指令编程（二）

6. 加工如图 2—2—15 所示工件的内轮廓（直径 20 mm 的孔已钻好），试分析其加工工艺并用 G94 指令编写其 FANUC 系统粗精加工程序。

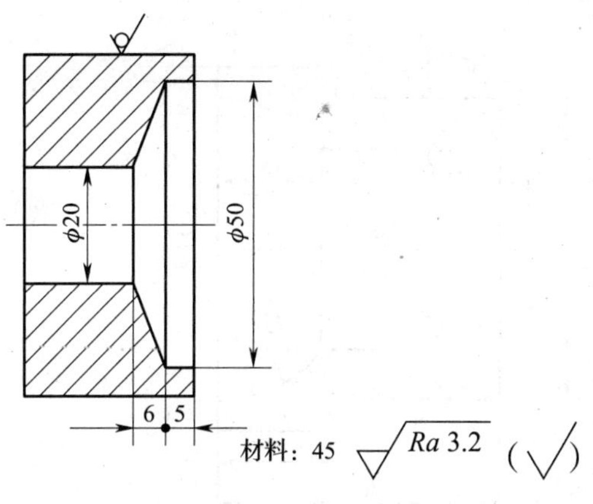

图 2—2—15　用 G94 指令编程

7. 在数控车床上加工如图 2—2—16 所示零件（毛坯为 ϕ50 mm×80 mm 的 45 钢），试用 G71、G70 指令写出其完整的加工程序。

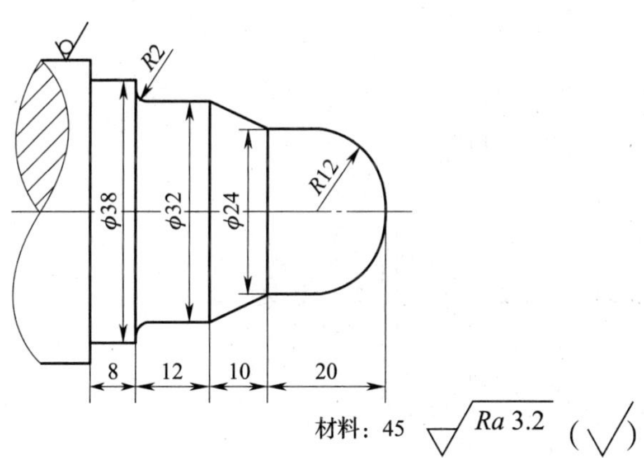

图 2—2—16　用 G71、G70 指令编程（一）

8. 加工如图 2—2—17 所示工件的内轮廓（直径 18 mm 的孔已钻好），试用 G71、G70 指令编写内轮廓的加工程序。

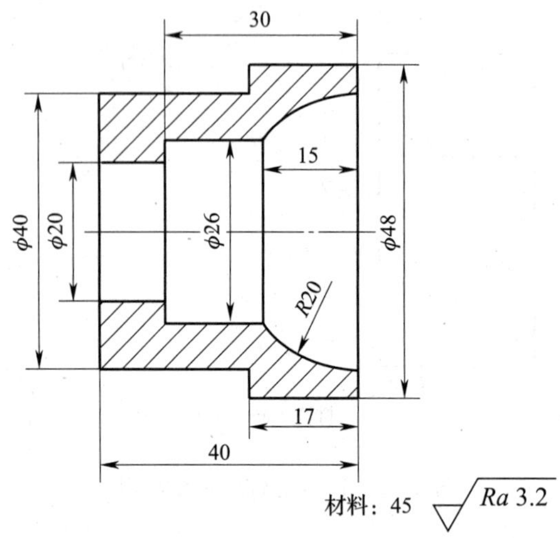

图 2—2—17　用 G71、G70 指令编程（二）

9. 试采用 FANUC 系统的 G72 粗车复合循环指令编写如图 2—2—18 所示零件的加工程序。

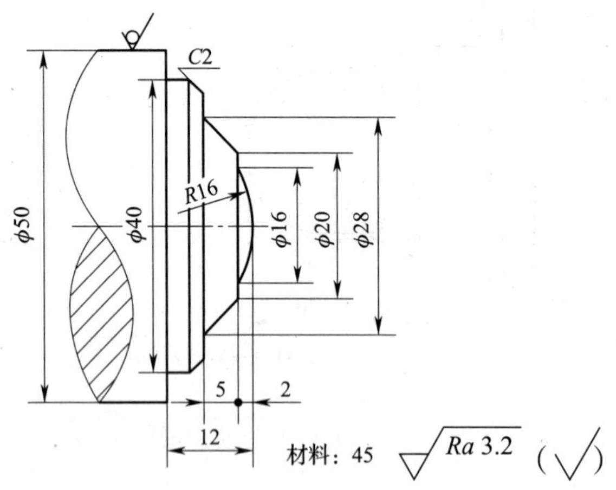

图 2—2—18　用 G72 指令编程（一）

10. 试采用 FANUC 系统的 G72 粗车复合循环指令编写如图 2—2—19 所示零件内轮廓的加工程序（直径 10 mm 的孔已钻好）。

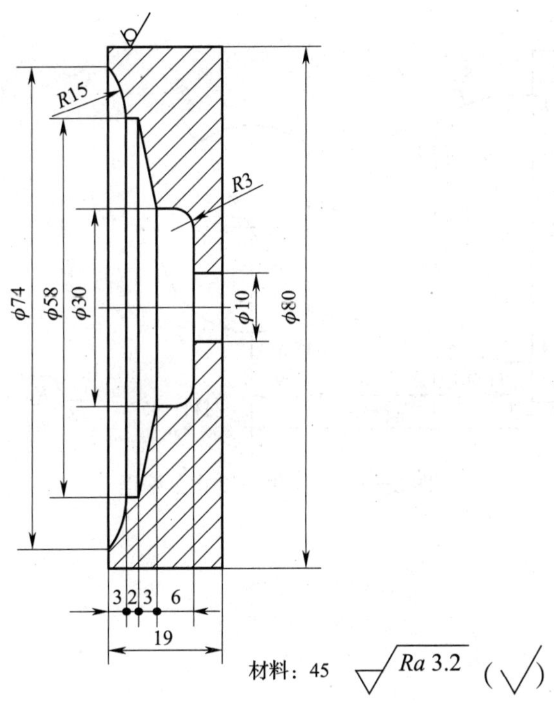

图 2—2—19　用 G72 指令编程（二）

11. 试用 G73 多重复合循环指令编写如图 2—2—20 所示零件的数控车粗精加工程序（毛坯为 ϕ50 mm×100 mm 的 45 钢）。

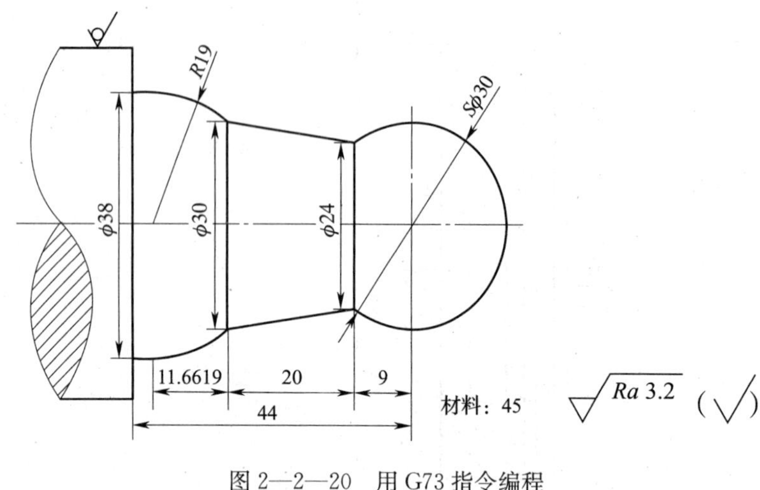

图 2—2—20 用 G73 指令编程

12. 试编写如图 2—2—21 所示零件内轮廓的数控车加工程序（直径 25 mm 的孔已钻好）。

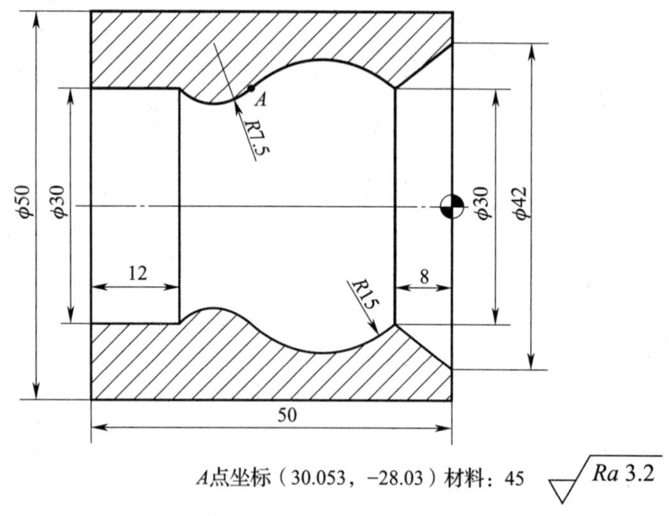

图 2—2—21 零件内轮廓的数控车加工编程

13. 选择刀头宽度为 2 mm 的切槽刀加工如图 2—2—22 所示工件，用一条 G75 指令加工出六条外圆槽，试编写其加工程序。

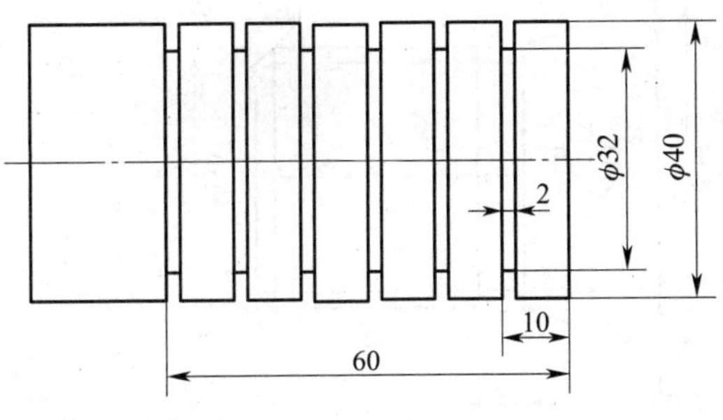

图 2—2—22 用 G75 指令编程

14. 加工如图 2—2—23 所示工件，毛坯为 ϕ50 mm×38 mm 的铝棒料，试分析其加工步骤并编写其数控车加工程序。

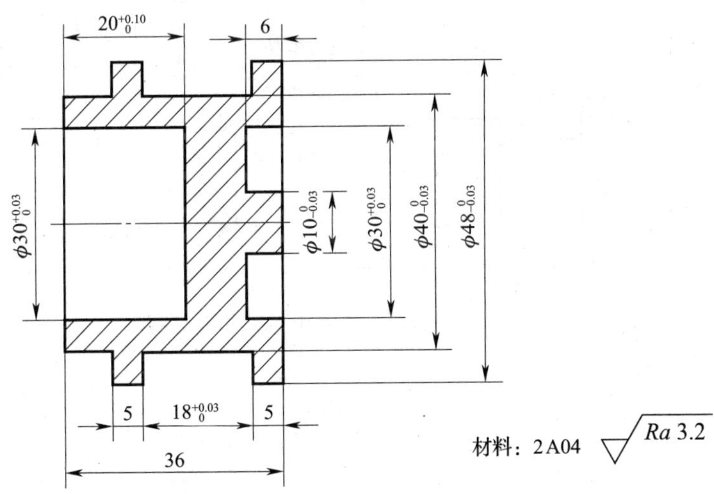

图 2—2—23 零件加工数控车编程

15. 试分析如图 2—2—24 所示工件加工工艺并用 G32 指令编写螺纹加工程序。

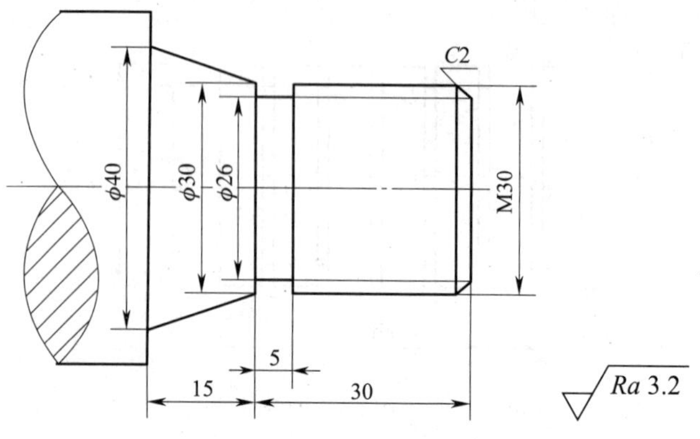

图 2—2—24　分析工艺并用 G32 指令编程

16. 试分析如图 2—2—25 所示工件加工工艺并用 G92 指令编写螺纹加工程序。

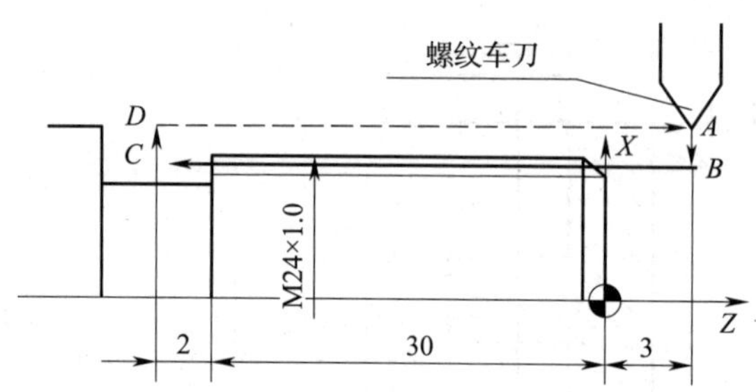

图 2—2—25　分析工艺并用 G92 指令编程

17. 试分析如图 2—2—26 所示工件加工工艺并用 G76 指令编写螺纹加工程序。

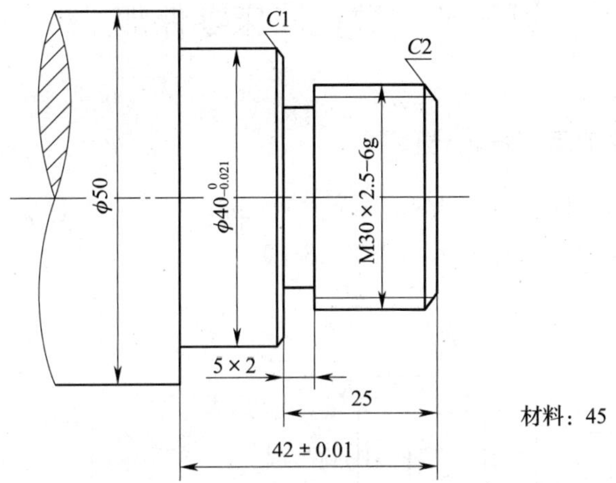

图 2—2—26 分析工艺并用 G76 指令编程

18. 加工如图 2—2—27 所示工件外圆槽，切槽刀刀宽为 3 mm，试采用子程序方式编写其数控车加工程序。

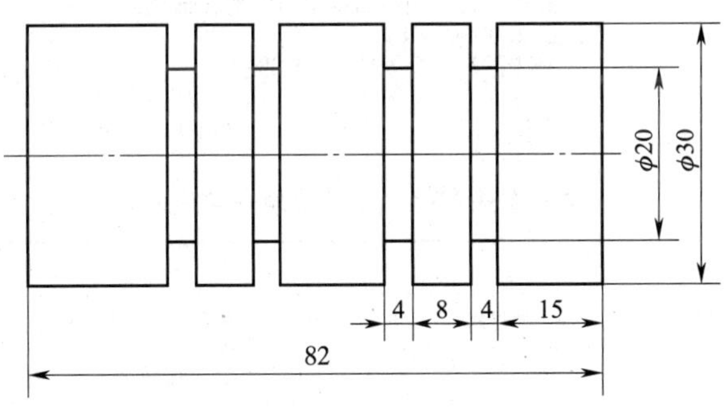

图 2—2—27 用子程序方式编程

第三节　数控车床零件加工

一、数控车床零件加工训练题一

如图 2—3—1 所示工件，毛坯为 $\phi50$ mm×90 mm 的 45 钢，已钻出 $\phi20$ mm 的孔，试编写其数控车加工程序并加工。评分表见表 2—3—1。

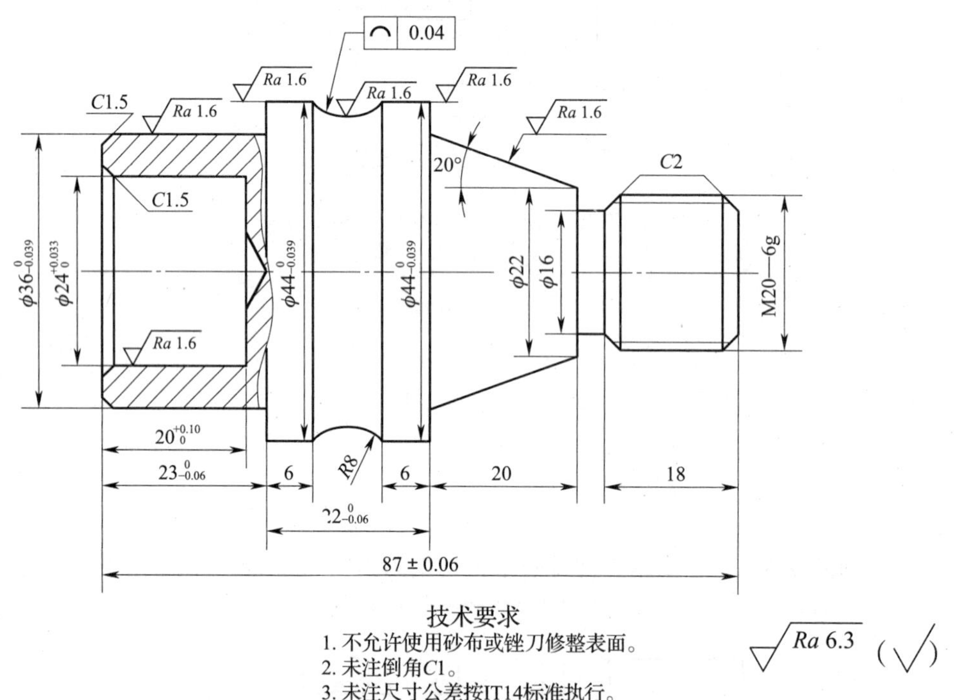

图 2—3—1　训练题一零件图

表 2—3—1　　　　**数控车床零件加工训练题一评分表**

工件编号				总得分			
项目与配分		序号	技术要求	配分	评分标准	检测记录	得分
工件加工评分（75%）	外轮廓（52.5）	1	$\phi44_{-0.039}^{0}$	5×2	每超差 0.01 扣 2 分		
		2	$\phi36_{-0.039}^{0}$	5	每超差 0.01 扣 2 分		
		3	$23_{-0.06}^{0}$	3	每超差 0.02 扣 1 分		
		4	$22_{-0.06}^{0}$	3	每超差 0.02 扣 1 分		
		5	线轮廓度 0.04	3	每超差 0.01 扣 1 分		
		6	锥度正确	3	超差全扣		
		7	87±0.06	5	超差 0.01 扣 1 分		
		8	M20—6g	10	超差全扣		
		9	$Ra1.6\ \mu m$	5	每错一处扣 1 分		

续表

项目与配分		序号	技术要求	配分	评分标准	检测记录	得分
工件加工评分（75%）	外轮廓（52.5）	10	$Ra6.3\ \mu m$	2.5	每错一处扣 0.5 分		
		11	槽 4×ϕ16	3	超差全扣		
	内轮廓（9.5）	12	$\phi24^{+0.033}_{0}$	5	超差 0.01 扣 2 分		
		13	$20^{+0.10}_{0}$	3	超差 0.02 扣 1 分		
		14	$Ra1.6\ \mu m$	1	超差全扣		
		15	$Ra6.3\ \mu m$	0.5	超差全扣		
	其他（13）	16	一般尺寸 IT14	3	每错一处扣 1 分		
		17	倒角	4	每错一处扣 1 分		
		18	工件按时完成	3	未按时完成全扣		
		19	工件无缺陷	3	有缺陷全扣		
程序与工艺（15%）		20	程序正确合理	10	每错一处扣 2 分		
		21	加工工序合理	5	不合理每处扣 2 分		
机床操作（10%）		22	机床操作规范	5	出错一次扣 2 分		
		23	工件、刀具装夹正确	5	出错一次扣 2 分		
安全文明生产（倒扣分）		24	安全操作	倒扣	根据实际情况酌扣 0～30 分		
		25	机床整理	倒扣			

二、数控车床零件加工训练题二

如图 2—3—2 所示工件，毛坯为 ϕ50 mm×92 mm 的 45 钢，已钻出 ϕ18 mm 的孔，试编写其数控车加工程序并加工。评分表见表 2—3—2。

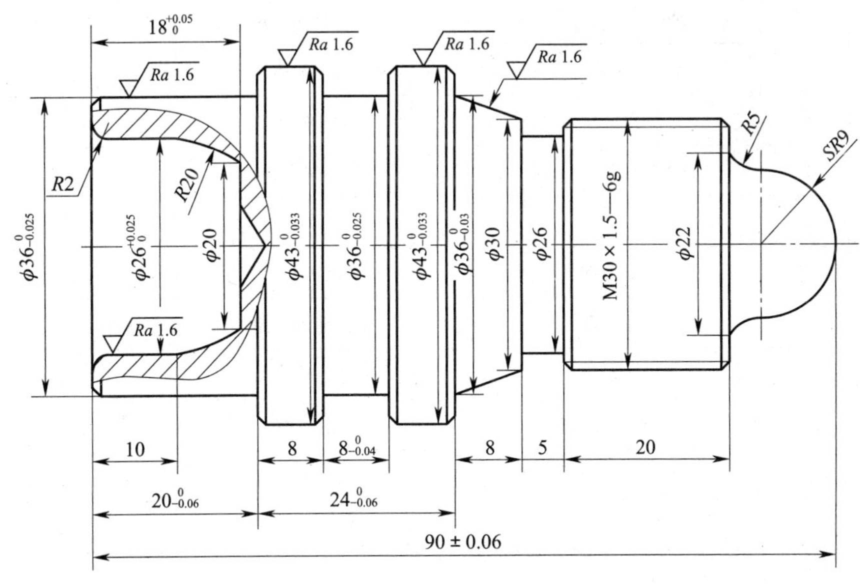

图 2—3—2　训练题二零件图

表 2—3—2　　　　数控车床零件加工训练题二评分表

工件编号				总得分			
项目与配分		序号	技术要求	配分	评分标准	检测记录	得分
工件加工评分（80%）	外轮廓（60）	1	$\phi43_{-0.033}^{0}$	5×2	每超差 0.01 扣 2 分		
		2	$\phi36_{-0.025}^{0}$	5×2	每超差 0.01 扣 2 分		
		3	$\phi36_{-0.03}^{0}$	5	每超差 0.01 扣 2 分		
		4	$20_{-0.06}^{0}$	3	每超差 0.01 扣 1 分		
		5	$8_{-0.04}^{0}$	5	每超差 0.01 扣 1 分		
		6	$24_{-0.06}^{0}$	3	每超差 0.01 扣 1 分		
		7	$R5$、$SR9$	2×2	超差全扣		
		8	90±0.06	5	每超差 0.01 扣 1 分		
		9	$Ra1.6\ \mu m$	4	每错一处扣 1 分		
		10	$Ra3.2\ \mu m$	5	每错一处扣 0.5 分		
		11	M30×1.5—6g	6	超差全扣		
	内轮廓（13）	12	$\phi26_{0}^{+0.025}$	5	每超差 0.01 扣 2 分		
		13	$18_{0}^{+0.05}$	3	每超差 0.02 扣 1 分		
		14	$R2$、$R20$	2×2	超差全扣		
		15	$Ra1.6\ \mu m$	1	超差全扣		
	其他（7）	16	一般尺寸 IT14	2	每错一处扣 0.2 分		
		17	倒角	2	每错一处扣 0.5 分		
		18	工件按时完成	1.5	未按时完成全扣		
		19	工件无缺陷	1.5	有缺陷全扣		
程序与工艺（10%）		20	程序正确合理	5	每错一处扣 2 分		
		21	加工工序合理	5	不合理每处扣 2 分		
机床操作（10%）		22	机床操作规范	5	出错一次扣 2 分		
		23	工件、刀具装夹正确	5	出错一次扣 2 分		
安全文明生产（倒扣分）		24	安全操作	倒扣	根据实际情况酌扣 0～30 分		
		25	机床整理	倒扣			

三、数控车床零件加工训练题三

如图 2—3—3 所示工件，毛坯为 $\phi50$ mm×70 mm 的 45 钢，已钻出 $\phi18$ mm 的通孔，试编写其数控车加工程序。评分表见表 2—3—3。

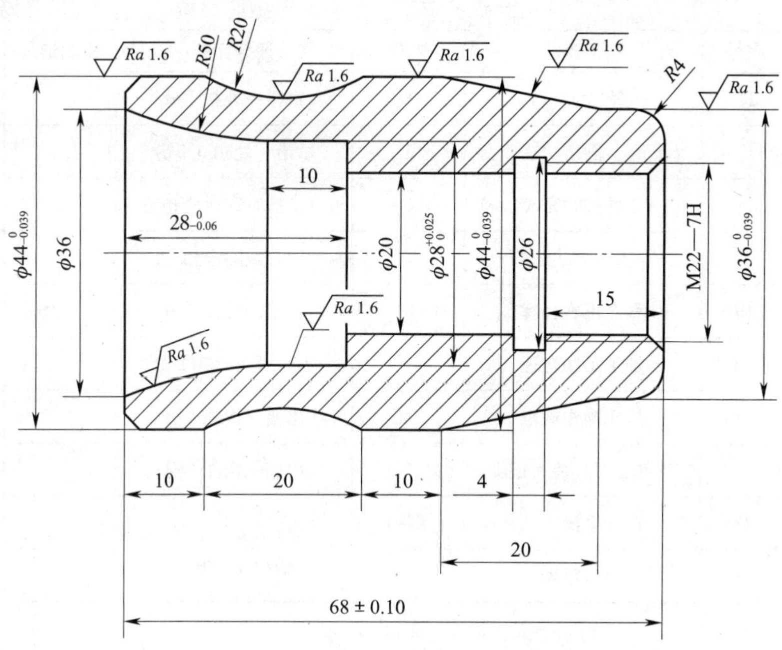

技术要求

1. 不允许使用砂布或锉刀修整表面。
2. 未注倒角$C2$。
3. 未注尺寸公差按IT14标准执行。

$\sqrt{Ra\ 6.3}$ ($\sqrt{}$)

图 2—3—3　训练题三零件图

表 2—3—3　　数控车床零件加工训练题三评分表

工件编号				总得分			
项目与配分		序号	技术要求	配分	评分标准	检测记录	得分
工件加工评分(75%)	外轮廓(37)	1	$\phi44_{-0.039}^{0}$	6×2	每超差 0.01 扣 2 分		
		2	$\phi36_{-0.039}^{0}$	6	每超差 0.01 扣 2 分		
		3	锥度正确	3	超差全扣		
		4	$R4$、$R20$	2×2	超差全扣		
		5	68±0.10	6	每超差 0.01 扣 1 分		
		6	$Ra1.6$ μm	5	每错一处扣 1 分		
		7	$Ra6.3$ μm	1	每错一处扣 0.5 分		
	内轮廓(28)	8	$\phi28_{0}^{+0.025}$	6	每超差 0.01 扣 2 分		
		9	M22—7H	10	超差全扣		
		10	$28_{-0.06}^{0}$	3	每超差 0.02 扣 1 分		
		11	内切槽 4×$\phi26$	3	超差全扣		
		12	$R50$	2	超差全扣		
		13	$Ra1.6$ μm	2	每错一处扣 1 分		
		14	$Ra6.3$ μm	2	每错一处扣 0.5 分		

续表

项目与配分		序号	技术要求	配分	评分标准	检测记录	得分
工件加工评分（75%）	其他（10）	15	一般尺寸 IT14	3	每错一处扣 1 分		
		16	倒角	1	每错一处扣 0.5 分		
		17	工件按时完成	3	未按时完成全扣		
		18	工件无缺陷	3	有缺陷全扣		
程序与工艺（15%）		19	程序正确合理	10	每错一处扣 2 分		
		20	加工工序合理	5	不合理每处扣 2 分		
机床操作（10%）		21	机床操作规范	5	出错一次扣 2 分		
		22	工件、刀具装夹正确	5	出错一次扣 2 分		
安全文明生产（倒扣分）		23	安全操作	倒扣	根据实际情况酌扣 0～30 分		
		24	机床整理	倒扣			

四、数控车床零件加工训练题四

如图 2—3—4 所示工件，毛坯为 ϕ50 mm×92 mm 的 45 钢，已钻出 ϕ20 mm 的孔，试编写其数控车加工程序。评分表见表 2—3—4。

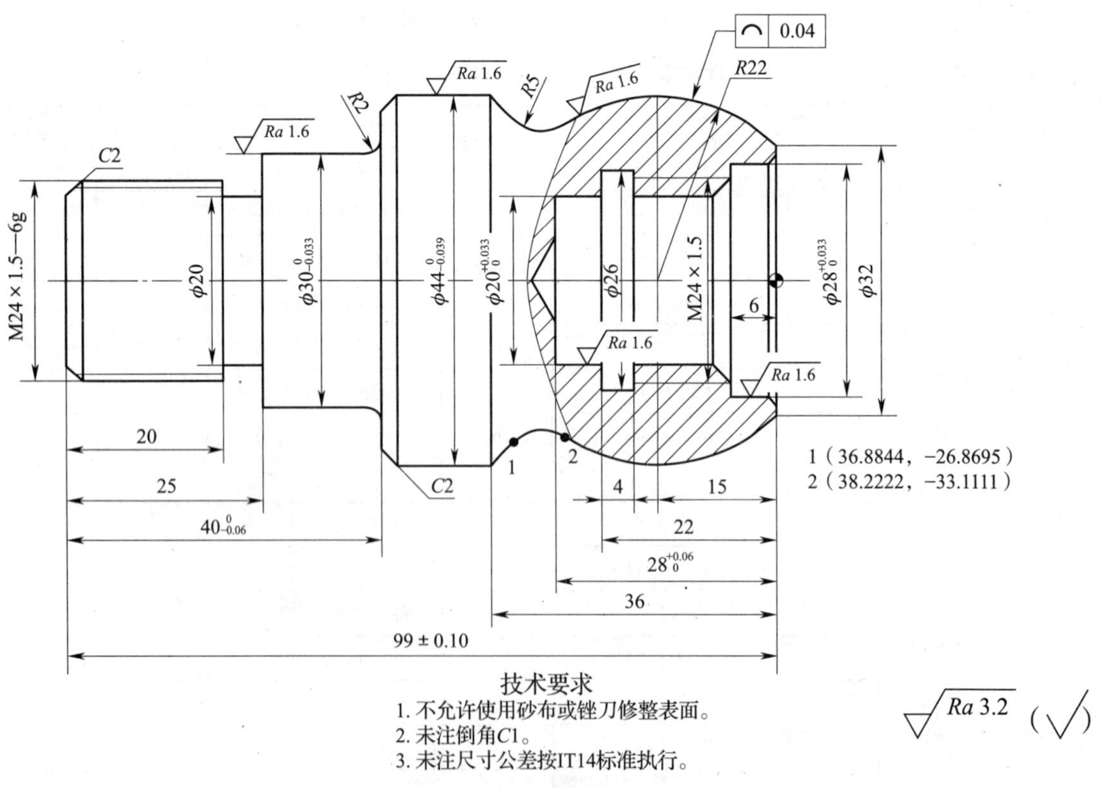

图 2—3—4　训练题四零件图

表 2—3—4　　数控车床零件加工训练题四评分表

工件编号				总得分			
项目与配分		序号	技术要求	配分	评分标准	检测记录	得分
工件加工评分（75%）	外轮廓（40）	1	$\phi44_{-0.039}^{0}$	5	每超差 0.01 扣 2 分		
		2	$\phi30_{-0.033}^{0}$	5	每超差 0.01 扣 2 分		
		3	M24×1.5−6g	5	每超差 0.01 扣 2 分		
		4	切槽 5×ϕ20	3	超差全扣		
		5	线轮廓度 0.04	3	每超差 0.01 扣 1 分		
		6	$40_{-0.06}^{0}$	3	每超差 0.02 扣 1 分		
		7	R2、R5、R22	2×3	超差全扣		
		8	99±0.10	5	每超差 0.01 扣 1 分		
		9	Ra1.6 μm	3	每错一处扣 1 分		
		10	Ra3.2 μm	2	每错一处扣 0.5 分		
	内轮廓（25）	11	$\phi28_{0}^{+0.033}$	5	每超差 0.01 扣 2 分		
		12	$\phi20_{0}^{+0.033}$	5	每超差 0.01 扣 2 分		
		13	M24×1.5	5	超差全扣		
		14	$28_{0}^{+0.06}$	3	每超差 0.02 扣 1 分		
		15	内切槽 4×ϕ26	3	超差全扣		
		16	Ra1.6 μm	2	每错一处扣 1 分		
		17	Ra3.2 μm	2	每错一处扣 0.5 分		
	其他（10）	18	一般尺寸 IT14	3	每错一处扣 1 分		
		19	倒角	1	每错一处扣 0.5 分		
		20	工件按时完成	3	未按时完成全扣		
		21	工件无缺陷	3	有缺陷全扣		
程序与工艺（15%）		22	程序正确合理	10	每错一处扣 2 分		
		23	加工工序合理	5	不合理每处扣 2 分		
机床操作（10%）		24	机床操作规范	5	出错一次扣 2 分		
		25	工件、刀具装夹正确	5	出错一次扣 2 分		
安全文明生产（倒扣分）		26	安全操作	倒扣	根据实际情况酌扣 0～30 分		
		27	机床整理	倒扣			

五、数控车床零件加工训练题五

如图 2—3—5 所示工件，毛坯为 ϕ60 mm×100 mm 的 45 钢，已钻出 ϕ20 mm 的孔，试编写其数控车加工程序。评分表见表 2—3—5。

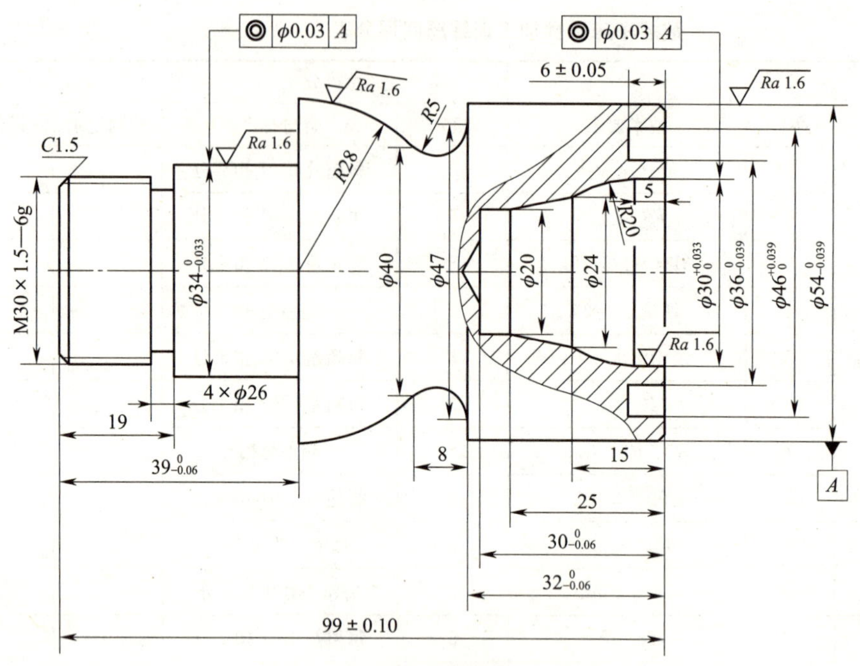

技术要求

1. 不允许使用砂布或锉刀修整表面。
2. 未注倒角C1。
3. 未注尺寸公差按IT14标准执行。

$\sqrt{Ra\ 3.2}$ ($\sqrt{}$)

图 2—3—5　训练题五零件图

表 2—3—5　　数控车床零件加工训练题五评分表

工件编号				总得分			
项目与配分		序号	技术要求	配分	评分标准	检测记录	得分
工件加工评分（80%）	外轮廓（60）	1	$\phi 54_{-0.039}^{0}$	5	每超差 0.01 扣 2 分		
		2	$\phi 34_{-0.033}^{0}$	5	每超差 0.01 扣 2 分		
		3	$\phi 46_{0}^{+0.039}$	5	每超差 0.01 扣 2 分		
		4	$\phi 36_{-0.039}^{0}$	5	每超差 0.01 扣 2 分		
		5	M30×1.5—6g	5	超差全扣		
		6	切槽 4×ϕ26	3	超差全扣		
		7	同轴度 ϕ0.03	3×2	每超差 0.01 扣 1 分		
		8	R28、R5	2×2	超差全扣		
		9	6±0.05	5	每超差 0.01 扣 1 分		
		10	99±0.10	5	每超差 0.01 扣 1 分		
		11	$39_{-0.06}^{0}$	3	每超差 0.02 扣 1 分		
		12	$32_{-0.06}^{0}$	3	每超差 0.02 扣 1 分		
		13	Ra1.6 μm	3	每错一处扣 1 分		
		14	Ra3.2 μm	3	每错一处扣 0.5 分		

续表

项目与配分		序号	技术要求	配分	评分标准	检测记录	得分
工件加工评分(80%)	内轮廓(10)	15	$\phi30^{+0.033}_{0}$	4	每超差 0.01 扣 2 分		
		16	$30^{0}_{-0.06}$	3	每超差 0.02 扣 1 分		
		17	$R20$	2	超差全扣		
		18	$Ra1.6\ \mu m$	1	超差全扣		
	其他(10)	19	一般尺寸 IT14	3	每错一处扣 1 分		
		20	倒角	1	每错一处扣 0.5 分		
		21	工件按时完成	3	未按时完成全扣		
		22	工件无缺陷	3	有缺陷全扣		
程序与工艺(10%)		23	程序正确合理	5	每错一处扣 2 分		
		24	加工工序合理	5	不合理每处扣 2 分		
机床操作(10%)		25	机床操作规范	5	出错一次扣 2 分		
		26	工件、刀具装夹正确	5	出错一次扣 2 分		
安全文明生产(倒扣分)		27	安全操作	倒扣	根据具体情况酌扣 0~30 分		
		28	机床整理	倒扣			

第三章　数控铣削加工

第一节　数控铣床/加工中心操作

一、填空题

1. 加工中心主要由机床本体、________________、________________________、辅助装置等几部分组成。

2. 刀库通过机械手实现与主轴上刀具的交换，主要分为____________、____________两种。

3. 加工中心与数控铣床的主要区别是具有________________________和________________________。

4. 数控铣床/加工中心常用的辅助装置包括________________、________________、________________、________________和________________等。

5. 数控铣床/加工中心面板由________________________和________________________两部分组成。

6. FANUC 0i 系统操作面板模式按钮中，“EDIT”指__________操作按钮，“MDI”指________________________操作按钮，“HANDLE”指________________操作按钮，“ZRN”指________________操作按钮。

7. 在启动和退出系统之前，应按下________________按钮以保障人身、财产安全。

8. 机床控制面板上，主轴顺时针转动用字母“________________”表示，主轴逆时针转动用“____________________”表示。

9. 手轮进给的倍率旋钮有×1、×10 和×100 三个，相对应的增量移动量为______________________、________________和__________________。

10. FANUC 0i 系统在自动运行过程中进给速率的调节范围为________________～150%，主轴转速的调节范围为______________～______________。

11. 当按下按钮“电源开”，即向_________________________、________________等机械部分及________________________供电。

12. 刀具半径补偿值输到对应的____________________________里，刀具长度补偿值输到对应的________________________里。

13. 数控屏幕上的 SPINDLE 表示____________、EMERGENCY STOP 表示________、FEED 表示________________、COOLANT 表示____________________。

14. 在“机床锁定”（FEED HOLD）方式下，进行自动运行时________________功能被锁定。

15. 模式旋钮一般进行________________________，例如在________________模式下，机床可自动执行程序。

16. 解释各按钮的含义："JOG"表示________________________________、"MEMORY"表示________________________、____________表示在线加工。

17. 加工中心常用对刀仪器有________________________________、________________________、____________________________________、____________________。

18. 机床主体部分主要由床身、________、____________、________、刀库、换刀装置等组成。

19. 写出下列 MDI 键的用途："ALTER"______________________________，"INPUT"____________________________________，"PROG"____，"REST"____。

20. 在数控机床显示机床位置画面有三个坐标系存在，即____________________、____________________和____________________。

21. 伺服系统主要由________________、________________等装置组成。

22. 用于测定刀具与工件相对位置的仪器有____________和____________。

23. 数控铣床选择工件坐标系原点，Z 方向的原点一般取在______________________，XY 平面的原点一般取在________________________或________________________。

24. 加工中心自动换刀过程，包括____________________和____________________两个基本动作。

25. 设置工件原点的作用是使____________________与____________________相重合。

26. FANUC 系统加工中心，将刀库上一号刀转到换刀位置的指令是______________，将换刀位置的刀具与主轴上的刀具进行自动交换的指令是____________________。

27. 刀具交换是指刀库中正位于________________________与______________________进行自动换刀的过程。

28. 数控铣床/加工中心面板是数控铣床/加工中心的________________操作界面。

29. 实现自动编程的方法主要有____________自动编程和____________自动编程两种，其中后者利用____________________________软件生成加工程序。

30. 找出工件坐标系在机床坐标系中位置的过程称为________。

31. ________________主要用于控制机床或系统的各种辅助动作。

32. 数控铣床系统一般利用地址____________________来指定直线坐标，用地址____________________来指定角度坐标。

33. 当________________按键有效时，进行手动操作，显示屏坐标值变化，但不输出伺服轴的移动指令，即机床停止不动。

二、判断题

1. 通常情况下将数控车削中心归类为数控加工中心。 （　）
2. 数控机床比普通机床的生产效率高的主要原因是辅助作业时间短。 （　）
3. 保证数控机床各运动部件间的良好润滑就能提高机床使用寿命。 （　）

4. 数控机床开机时一般要先回参考点，其目的是建立机床坐标系。（ ）

5. 由于数控机床具有良好的抗干扰能力，所以电网电压波动不会对其产生影响。

（ ）

6. 立式加工中心在安装后，应保证垂直导轨与两水平导轨之间的垂直度等要求。

（ ）

7. FANUC 0i—MC 是用在数控车床上的数控系统。（ ）

8. 数控加工内容不包括刀具的选择与安装。（ ）

9. 数控铣床可以设定 G53～G59 共 7 个不同的工件坐标系。（ ）

10. 通过零点偏置设定的工件坐标系，当机床关机后再开机，其坐标系将消失。（ ）

11. 数控机床和普通机床一样都是通过刀具切削工件来完成零件的加工，因此二者的工艺路线是相同的。（ ）

12. 数控装置内落入了灰尘或金属粉末，容易造成元器件间绝缘电阻下降，从而导致出现故障和元件损坏。（ ）

13. 不同数控系统的操作面板一样。（ ）

14. 在空运行期间，机床的主轴转速不受程序输入的主轴转速影响。（ ）

15. 在加工中心上采用自动换刀时，主轴必须先 Z 向返回参考点后，才能进行刀具的选择。（ ）

16. 在 EDIT 模式下的程序编制过程中，按下“RESET”键即可使光标跳到程序头。

（ ）

17. FANUC 0i 系列加工中心的坐标系设定参数 NO. 00 EXT 中设定的值不为零，对 G54 设定的坐标系没有影响。（ ）

18. 通常所说的回零操作是指使机床回机械零位的操作。（ ）

19. 按下机床急停操作开关后，除能进行手轮操作外，其余的所有操作都将停止。

（ ）

20. 发生撞机事故时，首先要关闭机床总电源。（ ）

21. 定期检查、清洗润滑系统，添加或更换油脂油液，使丝杠、导轨等运动部件保持良好的润滑状态，目的是降低机械的磨损速度。（ ）

22. 数控机床在手动（JOG）模式下，不可以同时控制两个轴的手动进给来加工一些成形面或圆弧面。（ ）

23. 通常情况下，手摇脉冲发生器顺时针转动方向为刀具进给的正方向，逆时针转动方向为刀具进给的负方向。（ ）

24. 机床原点就是机械零位，编程时必须考虑机床原点。（ ）

25. 手动返回参考点时，返回点不能离参考点太近，否则会出现机床超程等报警。

（ ）

26. 试切对刀是为了找机床机械零位。（ ）

27. 手摇进给的进给速率可通过进给速度倍率旋钮进行调节，调节范围为 0～150%。

（ ）

28. 机床返回参考点后，如果按下急停开关，机床返回参考点指示灯将熄灭。（ ）

29. 当机床出现超行程报警时，按下复位按钮“RESET”即可使超程报警解除。（ ）

30. 当屏幕上出现“EMG”时，主要原因是程序出错。 (　　)

31. 在对刀时，当刀具或芯棒远离工件时，增量步长可选择为×100，在接近工件或进行铣削时，增量步长可选择为×1、×10。 (　　)

32. 带机械手换刀的加工中心与不带机械手换刀的加工中心相比，它们的换刀过程是一致的，都是选择刀具，进行刀具交换，跟程序无关。 (　　)

33. 在自动加工的空运行状态下，刀具的移动速度与程序中指令的进给速度无关。 (　　)

34. 在自动运行刀具移动过程中，进给速率大小不可调节，必须在刀具移动停止后才可通过进给速度倍率旋钮进行调节。 (　　)

35. 只有在 MDI 或 EDIT 方式下，才能进行程序的输入操作。 (　　)

36. 在插入新程序的过程中，如果新建的程序号为内存中已有的程序号，则新程序将替代原有程序。 (　　)

37. 数控机床空运行主要是用于检查刀具轨迹的正确性。 (　　)

38. 机床报警指示灯变亮后，通常情况下是通过关闭机床面板上的报警指示灯按钮来熄灭该指示灯的。 (　　)

39. 图形显示功能可用来进行程序的检查与校正。 (　　)

40. 增量进给的最小增量步长是按脉冲当量作为单位的，通常情况下，最小增量步长取 0.001 mm。 (　　)

41. 当程序保护开关处于“OFF”位置时，即使在“EDIT”状态下也不能对 NC 程序进行编辑操作。 (　　)

三、选择题

1. 按下机床急停开关后，通常该开关是通过（　　）来解锁的。

A. 再次按下　　B. 向外拔出　　C. 旋转开关　　D. 关机重启

2. 数控机床的 ATC 指（　　）。

A. 刀库　　B. 数控系统

C. 自动排屑装置　　D. 刀具自动交换装置

3. 下列选项中，用于机床紧急停止的开关是（　　）。

A. EMG—STOP　　B. MACHINE—RESERT

C. DRY　　D. SBK

4. 下列选项中，不属于加工中心辅助装置的是（　　）。

A. 气动装置　　B. 冷却装置　　C. 数控装置　　D. 排屑装置

5. 在自动运行的机床锁住模式下，下列动作仍能运行的是（　　）。

A. 主轴转速　　B. 轴进给　　C. JOG 进给　　D. 快速移动

6. 数控机床由机床主体、数控系统、（　　）三大部分构成。

A. 工作台　　B. 伺服电动机　　C. 伺服系统　　D. 换刀装置

7. 参数（如刀具参数、坐标系参数）的输入，当数值书写完成后，通常按下（　　）键进行输入。

A. INPUT　　B. INSERT　　C. ALTER　　D. EOB

8. 将手轮倍率开关置于“×100”，手轮旋转 360°，刀具移动的距离为（　　）mm。

A. 0.1　　B. 1　　C. 10　　D. 100

9. 在程序手工输入过程中出现的报警，通常情况下可通过按下软键（　　）来消除。

A. DELETE　　B. RESET　　C. CANCER　　D. ALTER

10. 手动返回参考点需在（　　）方式下进行。

A. MDI　　B. ZRN　　C. JOG　　D. NC ON

11. 加工中心在手动返回参考点的过程中，先执行（　　）返回较为合适。

A. *X* 轴　　B. *Y* 轴　　C. *Z* 轴　　D. 任意轴

12. 机床坐标系建立后，在（　　）情况下需重新返回参考点。

A. 数控系统掉电　　B. 程序运行中按下复位按钮

C. 程序运行中按下进给保持按钮　　D. 切断机床电源前

13. 在自动运行状态下，按下循环启动停止键，机床的（　　）功能将停止执行。

A. 主轴转速　　B. 刀具移动

C. 机床冷却、润滑　　D. 以上均是

14. 为了保障人身安全，在正常情况下，电气设备的安全电压规定为（　　）。

A. 42 V　　B. 24 V　　C. 12 V　　D. 36 V

15. FANUC 0i 系列加工中心，通过 MDI 方式编制执行的程序一般情况下不能超过（　　）。

A. 4 行　　B. 10 行　　C. 20 行　　D. 内存容量

16. 机床操作面板上用于程序字更改的键是（　　）。

A. INSERT　　B. ALTER　　C. DELETE　　D. EOB

17. 如果将增量步长设为“10”，要使主轴移动 20 mm，则手摇脉冲发生器要转过(　　)圈。

A. 0.2　　B. 2　　C. 20　　D. 200

18. 在编辑模式下，光标处于 N10 程序段，键入地址 N200 后按下“DELETE”键，则将删除（　　）程序段。

A. N10　　B. N200　　C. N10～N200　　D. N200 之后

19. 在加工中心上采用偏心式寻边器对刀，选择主轴合适的转速为（　　）r/min。

A. 1 100～1 200　　B. 600～700　　C. 100～200　　D. 30～50

20. 下列选项中，用于机床空运行的按钮是（　　）。

A. SINGLE BLOCK　　B. MC LOCK

C. OPT STOP　　D. DRY RUN

21. 当机床的程序保护开关处于“ON”时，不能对程序进行（　　）。

A. 输入　　B. 修改　　C. 删除　　D. 以上均不能

22. 机床没有返回参考点，如果按下快速进给，通常会出现（　　）情况。

A. 不进给　　B. 快速进给　　C. 手动连续进给　　D. 机床报警

23. FANUC 加工中心机械手换刀，执行指令“M06T05;”，则对刀库的动作描述正确的是（　　）。

A. 主轴刀具换入刀库 05 号位置

B. 刀库中的05号刀装入主轴

C. 刀库中的05号刀转到换刀位置

D. 刀库中的05号刀转到换刀位置并与主轴上的刀具交换

24. 下列按钮或软键中，与按钮“SINGLE BLOCK”进行复选后有效的开关或按钮是（　　）。

A. AUTO　　B. EDIT　　C. JOG　　D. HANDLE

25. 刀具在轮廓拐角处的超程原因是刀具在轮廓拐角处的（　　）。

A. 切削速度过大　　B. 吃刀量过大

C. 进给速度过大　　D. 转速过高

26. 数控机床工作时，当发生任何异常现象需要紧急处理时应启动（　　）。

A. 程序停止功能　　B. 暂停功能　　C. 急停功能　　D. 进给保持功能

27. 设置零点偏置（G54～G59）是从（　　）输入。

A. 程序段中　　B. 机床操作面板

C. 数控系统控制面板　　D. 以上均可以

28. 数控机床开机时，一般先回参考点，其目的是建立（　　）。

A. 机床坐标系　　B. 工件坐标系　　C. 绝对坐标系　　D. 相对坐标系

29. 加工中心的（　　）是加工中心多工序加工的必要保证，由刀库、机械手等部件组成。

A. 主轴部件　　B. 数控系统　　C. 自动换刀系统　　D. 伺服驱动

30. 在CRT/MDI面板的功能键中，显示机床现在位置的键是（　　）。

A. POS　　B. PROG　　C. OFS/SET　　D. DELETE

31. 在CRT/MDI面板的功能键中，用于程序编制的键是（　　）。

A. POS　　B. PROG　　C. ALARM　　D. INSERT

32. 在CRT/MDI面板的功能键中，用于刀具偏置设置的键是（　　）。

A. POS　　B. INPUT　　C. PROG　　D. OFS/SET

33. 在进行换刀前，必须实现主轴准停，FANUC系统主轴准停通常通过指令（　　）来实现。

A. M61　　B. M19　　C. M06　　D. M17

34. 选择刀具起刀点时应考虑（　　）。

A. 防止与工件或夹具干涉　　B. 方便工件安装

C. 每把刀具刀尖在起始点位置　　D. 在工件外侧

35. 下列因素中，除（　　）以外，其余三个原因都会引起加工中心刀具交换过程中的掉刀。

A. 换刀时主轴没有回到换刀点　　B. 空气压力过高

C. 换刀点漂移　　D. 机械手抓刀时没有到位，就开始拔刀

36. 符号（　　）的意义为“复位”。

A. DEL　　B. COPY　　C. RESET　　D. AUTO

37. 下列操作中，（　　）不能用以建立机床坐标系。

A. 复位　　B. 原点复归

C. 手动返回参考点　　D. G28指令

38. 数控系统由数控装置、伺服系统、(　　) 组成。

A. 反馈系统　　B. 驱动装置　　C. 执行装置　　D. 检测装置

39. 加工中心与数控机床的主要区别是 (　　)。

A. 有刀库和自动换刀装置　　B. 转速高

C. 机床刚度好　　D. 进给速率高

40. 数控机床每次接通电源后在运行前首先应做的是 (　　)。

A. 给机床各部分加润滑油　　B. 检查刀具安装是否正确

C. 机床各坐标轴回参考点　　D. 检查工件是否安装正确

41. 数控系统所规定的最小设定单位就是 (　　)。

A. 数控机床的运动精度　　B. 机床的加工精度

C. 脉冲当量　　D. 数控机床的传动精度

42. 数控机床手动数据输入时，可输入单一命令，按 (　　) 键使机床动作。

A. 快速进给　　B. 循环启动　　C. 回零　　D. 手动进给

43. 当 NC 故障排除后，按 RESET 键 (　　)。

A. 消除报警　　B. 重新编程　　C. 修改程序　　D. 回参考点

44. 在机床执行自动方式下按进给暂停键，(　　) 会立即停止，一般在编程出错或将要碰撞时按此键。

A. 计算机　　B. 控制系统　　C. 参数运算　　D. 进给运动

四、简答题

1. 简要说明数控铣床/加工中心的开机步骤。

2. 简要说明数控铣床/加工中心的关机步骤。

3. 简述数控铣床回参考点的操作方法。

4. 当机床处于急停状态时，如何消除？

5. 若机床出现超程报警时，如何使机床恢复正常工作？

6. 简述平口钳的安装步骤。

7. 简述平口钳的校正方法。

8. 简述毛坯安装步骤。

9. 在哪几种情况下，机床必须回机床参考点？

10. 如何在数控机床上进行程序的新建、调出及删除？

第二节 数控铣削指令

一、填空题

1. 数控编程可分为________和________两类。

2. 数控系统常用的系统功能有________、________和其他功能三种，这些功能是编制数控程序的基础。

3. 根据加工的需要，进给功能分______进给和____进给两种，其单位分别用________和________表示。

4. 平面选择指令可分别用G代码G17、G18、G19来表示，其中G17表示选择________平面，G18表示选择________平面，G19表示选择________平面。

5. ________指程序中坐标功能字后面的坐标是以原点作为基准，坐标指令用G代码G90来表示。________指程序中坐标功能字后面的坐标是以刀具起点作为基准，坐标指令用G代码G91来表示。

6. FANUC系统中采用________准备功能字来进行公、英制的切换。

7. 数控编程时，数字单位以公制为例分为两种：一种是以________为单位，另一种是以________单位。

8. 快速点定位指令为________，直线插补指令为________，G02表示________，G03指令表示________。

9. 圆弧圆心位置的确定有两种形式，一种以圆弧起点、终点坐标及________来确定圆心位置；另一种以起点、终点坐标及________的________值确定圆心位置。

10. 数控机床根据实际刀具尺寸，自动改变坐标轴位置，使实际加工轮廓和编程轨迹完全一致的功能，称为________功能。刀具补偿分________和________两种。

11. 准备功能字中的G41表示________，G42表示________，G40表示________。

12. FANUC系统中刀具长度正补偿用指令________表示，刀具长度负补偿用指令________表示，而G49表示________。

13. 刀位点是对刀和加工的基准点。车刀和镗刀的刀位点是指刀具的________，钻头的刀位点是指________，立铣刀和盘铣刀的刀位点是指刀具________。

14. 为了优化加工顺序，通常将每一个独立的工序编写成一个________，主程序只有________的命令，从而实现优化程序的目的。

15. FANUC系统中与调用子程序有关的M代码是________和________，而与冷却液有关的M代码是________和________。

16. 子程序主要可应用于________、________和________。

17. 当零件在Z方向上的总切削深度比较大时，需采用________进行加工。

18. “G90 G01 X−30.0 F100;”表示刀具在X方向移动________。

19. 孔加工固定循环通常由以下六个动作组成：________、Z向快速进给到R点、________、孔底部的动作、________和Z轴快速回到起始位置。

20. FANUC系统孔加工固定循环常用的三个平面从上到下依次为________、________和________。

21. 用钻孔固定循环编程时，在G91方式中，R值是指从________到________的增量值，而Z值是指从________到________的增量值。

22. 当刀具加工到孔底平面后，刀具从孔底平面返回方式有两种，即返回到__________和返回到______________________，分别用指令__________________与______________来表示。

23. 利用 G81 循环指令钻孔，当采用 G98 方式时，刀具首先在_______________快速定位到指令中指定的______________________位置，然后______________________到 R 点平面，然后执行_______________到孔底平面，最后刀具_______________________________________，进行下一个孔的加工。

24. 常用的加工中心钻头有____________________、________________________和________等。

25. 加工深孔时，主要会出现___________、______________、_________________等现象，易使______________________和引起孔的轴线______________，从而影响加工精度和生产率。

26. 指令"G73～G89 X _ Y _ Z _ R _ Q _ P _ F _ K _ ;"中的 Q 指当有间歇进给时，刀具每次______________________，P 指刀具在孔底的______________________，F 指刀具切削进给时的__________________。

27. G73 指令通过刀具 Z 方向的______________________实现断屑动作。

28. G83 指令是通过 Z 轴方向的啄式进给来实现______________与_______________的目的。

29. 为了减小切削过程中由于受___________________作用而产生振动，粗镗钢件孔时，取主偏角为_________________________________，在加工铸铁孔或精镗时，取主偏角为__________________。

30. 粗镗刀刀杆顶部有两个锁紧螺钉，分别起__________________和_____________作用。

31. 丝锥由_________和工作部分组成，工作部分包括________________________和____________________。____________________的前角为______________________，后角铲磨成___________________________。

32. _______________循环指令为攻左旋螺纹循环，执行该循环时，主轴_______________，在 G17 平面定位后_________________________________，执行攻螺纹，到达_______________，主轴_______________退回到 R 点，完成攻螺纹动作。

33. 刚性攻螺纹中通常使用______________________________，这种攻螺纹刀柄采用______________机构来带动丝锥，当攻螺纹转矩___________棘轮机构的转矩时，丝锥在棘轮机构中打滑，从而防止丝锥_______________。

34. 刀具在__________________________的任意移动将不会与刀具、工件凸台等发生干涉。

35. 一般对于直径在_________________以上的螺纹，可采用螺纹镗刀镗削加工，对于直径在______________________________的螺纹可采用攻螺纹的加工方法。

36. 在铰孔后，发现孔呈多边形，原因是____________________________________或__________________________________。

37. 普通螺纹分为__________________________和__________________________。

38. R 点平面又叫________________，是刀具向 Z 向进给时，自________________转为________________的高度平面。

39. G85 指令常用于________________和________________加工，也可用于________________加工。

40. 攻螺纹前的底孔直径应________________螺纹小径，否则攻螺纹时由于挤压作用，很容易将丝锥折断。

41. 深孔循环 G73 指令的指令格式为：____。

42. 钻孔循环 G81 指令的指令格式为：____。

43. 当采用 G94 模式攻螺纹时，进给量 $F=$________________。当采用 G95 模式时，进给量 $F=$________________。

二、判断题

1. 在进行轮廓铣削时一般采用法线方向切入和切出。 ( )
2. 在建立刀具半径补偿时，程序段的起始位置最好与补偿方向在异侧。 ( )
3. 内轮廓加工过程中的主要问题是进行轮廓的切入切出。 ( )
4. 如果在子程序的返回程序段中加上 Pn，则子程序在返回主程序时将返回到主程序中顺序号为 n 的那个程序段。 ( )
5. 自动编程的内轮廓铣削中广泛使用螺旋线进刀方式。 ( )
6. 在加工 ZX 平面上的轮廓时应从 Y 方向切入和切出工件。 ( )
7. Z 向采用垂直下刀时，进给速度较小。 ( )
8. 三轴联动斜线进刀方式的优点是轮廓平滑过渡，无加工痕迹。 ( )
9. 插补运动的实际插补轨迹一般不可能与理想轨迹完全相同。 ( )
10. 机床的加工程序必须包含主程序和子程序。 ( )
11. 子程序一般都可以作为独立的加工程序使用。 ( )
12. FANUC 系统主程序和子程序的程序名格式完全相同。 ( )
13. 对于子程序结束指令 M99，必须单独书写一行，否则会产生机床误操作。 ( )
14. 不具备刀具半径补偿功能的数控机床，在加工工件时需要计算假想刀尖轨迹或刀具中心轨迹与工件轮廓尺寸的差值。 ( )
15. 不同的零件或不同的加工要求，都有唯一的主程序。 ( )
16. 在所有系统中，刀具半径补偿模式在主程序及子程序中可以被分支执行，但在编程过程中应尽量避免编写这种形式的程序。 ( )
17. 在一次装夹中若要完成多个相同轮廓形状工件的加工，编程时可只编写一个轮廓形状加工程序，然后调用该加工程序。 ( )
18. 子程序中不能进行 G90 与 G91 模式的变换。 ( )
19. 分层切削时，常会出现分层切削的接刀痕迹。 ( )
20. 初始平面也叫 R 点平面。 ( )
21. 初始平面的设定高度一般应高于夹具、工件凸台等的高度。 ( )

22. 执行孔加工固定循环程序，刀具在初始平面内的移动是以 G00 方式来实现的。 （ ）

23. 孔加工固定循环除采用代码 G80 取消外，没有其他方法取消。 （ ）

24. 孔加工程序段“G82 X0 Y0 Z－10.0 R2.0 F30;”与“G81 X0 Y0 Z－10.0 R2.0 F30;”的功能是一致的，都能完成孔的加工。 （ ）

25. 钻削通孔时，孔底平面取孔底的 Z 轴高度就行了。 （ ）

26. 利用中心钻钻孔时，为避免钻头折断，应取较低的主轴转速。 （ ）

27. 在没有凸台等干涉情况下，加工同一平面的孔系时，为了节省孔系的加工时间，刀具采用 G99 方式返回较为合适。 （ ）

28. G76、G87 循环指令可以根据需要选择 G98 或 G99 来进行编程。 （ ）

29. 固定循环 G90 方式中 R 值是指 R 点相对于工件坐标系的 Z 向坐标值。 （ ）

30. 在钻孔固定循环方式中，刀具长度补偿功能有效。 （ ）

31. 孔加工固定循环无须采用刀具半径补偿进行编程。 （ ）

32. G81 孔加工进给采用歇式切削进给。 （ ）

33. G73 指令的 Q 值没有正负之分，且始终为正值。 （ ）

34. G83 指令每次间歇进给后的退刀量 d 值，由固定循环指令确定。 （ ）

35. 指令 G73 与指令 G83 的指令格式完全相同，因此，两指令的执行动作也完全相同。 （ ）

36. 指令 G81 与指令 G82，G82 更适合于锪孔或阶台孔的加工。 （ ）

37. 执行指令 G81 与指令 G82，刀具到达孔底后的退刀方式均为 G00。 （ ）

38. 指令 G85 动作与 G88 动作基本类似，不同之处是 G85 指令可在孔底编写暂停指令。 （ ）

39. 固定循环中的孔底暂停是指刀具到达孔底后主轴暂时停止转动。 （ ）

40. 在固定循环孔加工开始前，要将刀具移动到孔中心的正上方，否则将在刀具当前位置进行孔加工动作。 （ ）

41. 采用循环指令 G88 进行镗孔，不仅能相应提高孔的加工精度，还能相应提高镗孔的加工效率。 （ ）

42. 固定循环 G87 指令在 G91 方式下的 R 值为正值，其他固定循环在 G91 方式下的 R 值为负值。 （ ）

43. 在固定循环 G74 指定前，应先指定主轴反转，该指令才有效。 （ ）

44. 执行 G87 指令时，刀具将分别在初始平面和孔底平面实现主轴准停。 （ ）

45. G76 指令执行完成返回初始平面后，主轴中心与孔中心发生了偏移，偏移量等于 Q 值。 （ ）

46. 在 G74 与 G84 攻螺纹期间，进给倍率、进给保持均被忽略。 （ ）

47. 固定循环在 G17 平面内的定位是在 X、Y 轴方向上的定位，在 G18 平面内的定位是在 Z、X 轴方向上的定位。 （ ）

48. 固定循环中的主轴准停是指刀具到达孔底后主轴暂时停止转动。 （ ）

49. 铰孔至孔底退刀时，不允许铰刀反转。 （ ）

三、选择题

1. Z 向不能进行垂直下刀的刀具是（　　）。

A. 键槽铣刀　　B. 不过中心立铣刀

C. 钻铣刀　　D. 过中心立铣刀

2. “G02/G03 X __ Y __ Z __ R __；”指令中的 R 指（　　）。

A. 螺旋线的半径　　B. 圆弧半径　　C. 角度　　D. R 点平面

3. 选用键槽铣刀进行垂直下刀时选用的切削速度一般为 XY 平面内切削进给速度的（　　）。

A. 1　　B. 1/2　　C. 1/3　　D. 1/4

4. 指令“G03 G02 G01 G00 X100. 0 …；”中实际有效的 G 代码指令是（　　）。

A. G00　　B. G03　　C. G02　　D. G01

5. FANUC 0i 系统中选择公制、增量尺寸进行编程，使用的 G 代码指令为（　　）。

A. G20 G90　　B. G21 G90　　C. G20 G91　　D. G21 G91

6. 用 ϕ10 铣刀按零件实际轮廓编写加工外轮廓程序，利用刀具半径补偿保留 0.2 mm 的精加工余量，则设置在该刀具半径补偿存储器中的值为（　　）。

A. 10. 2　　B. 9. 8　　C. 5. 2　　D. 4. 8

7. 如主程序用“M98 P×× L99；”调用，而子程序采用“M99 L2；”返回，则子程序重复执行次数为（　　）次。

A. 99　　B. 2　　C. 101　　D. 系统报警

8. 对子程序描述错误的是（　　）。

A. 实现同平面内多个相同轮廓形状的加工

B. 代替主程序

C. 实现程序的优化

D. 实现零件的分层切削

9. 如果在子程序的返回程序段为“M99P100；”则表示（　　）。

A. 调用子程序 O100 一次　　B. 返回子程序 N100 程序段

C. 返回主程序 N100 程序段　　D. 返回主程序 O100

10. G18 用以指定（　　）。

A. XY 平面　　B. XZ 平面　　C. YZ 平面　　D. XYZ 平面

11. 下列 G 指令中（　　）指令为非模态 G 指令。

A. G01　　B. G02　　C. G43　　D. G28

12. 在进行凹槽切削时，下列选项中，（　　）最合理。

a）行切法　　b）行切法　　c）环切法　　d）先行切后环切

A. 图 a　　B. 图 b　　C. 图 c　　D. 图 d

13. 当前刀具在未执行刀具长度补偿时位于工件坐标系 Z20.0，H01＝20.0；执行程序段“G43 G01 Z－50.0 H01F100；”后，刀具位于工件坐标系的位置为（　　）。

A. Z－50.0　　B. Z－40.0　　C. Z－30.0　　D. Z－20.0

14. 在 FANUC 系统的刀具补偿模式下，一般不允许存在连续（　　）段以上的非补偿平面内移动指令。

A. 1　　B. 2　　C. 3　　D. 4

15. 在数控机床上铣一个正方形外轮廓零件，如果使用的铣刀直径比原来小 1 mm，则加工后正方形的实际尺寸比要求加工尺寸（　　）mm。

A. 小 1　　B. 小 0.5　　C. 大 1　　D. 大 0.5

16. 刀具磨损补偿值应输入到系统（　　）中去。

A. 刀具参数　　B. 刀具坐标　　C. 程序　　D. 坐标系

17. 在 *XY* 平面上，某圆弧圆心为（0，0），半径为 80，如果需要刀具从（80，0）沿该圆弧到达（0，80）点，程序指令为（　　）。

A. G02 X0.0 Y80.0 I80.0　F300；　　B. G03 X0.0 Y80.0 I－80.0　F300；

C. G02 X80.0 Y0.0 J80.0　F300；　　D. G03 X80.0 Y0.0 J－80.0　F300；

18. 刀具补偿包括长度补偿和（　　）补偿。

A. 径向　　B. 半径　　C. 轴向　　D. 以上均错

19. 圆弧插补编程过程中，当其圆弧所对应的圆心角（　　）180°时，该半径 R 值取负值。

A. 大于　　B. 小于　　C. 大于或等于　　D. 小于或等于

20. ISO 标准规定增量尺寸方式的指令为（　　）。

A. G90　　B. G91　　C. G92　　D. G93

21. 下列指令中，（　　）不能用以取消刀具补偿。

A. G49　　B. G40　　C. H00　　D. G42

22. 孔加工固定循环格式中的代码，除（　　）代码外，其他所有代码都是模态代码。

A. X、Y、Z　　B. R　　C. Q　　D. K

23. 执行程序段“G81 X30.0 Y20.0 Z－10.0 R5.0 F50.0；X－30.0；G01 Y－20.0；X0；”后，共加工出（　　）个孔。

A. 1　　B. 2　　C. 3　　D. 4

24. FANUC 系统孔加工固定循环刀具下刀时，自快进转为工进的高度平面通常称为（　　）。

A. 初始平面　　B. 参考平面　　C. 孔底平面　　D. 任意平面

25. 工件需要进行锪孔或台阶孔加工时，通常采用的指令是（　　）。

A. G80　　B. G74　　C. G82　　D. G88

26. *R* 点平面距工件表面的距离主要考虑工件表面的尺寸变化，一般情况下取（　　）mm。

A. 0～1　　B. 2～5　　C. 6～8　　D. 9～10

27. 固定循环中，刀具从初始平面到 *R* 点平面的移动方式是（　　）。

A. G00　　B. G01

C. 根据不同的固定循环确定　　　　　D. 由编程决定

28. 采用固定循环进行孔系加工时，采用（　　）指令使刀具返回到初始平面。

A. G99　　B. G98　　C. G96　　D. G97

29. 固定循环中 P 的单位是（　　）。

A. s　　B. ms　　C. m　　D. mm

30. 固定循环 G87 指令在 G91 方式下的 Z 值为______值，其他固定循环在 G91 方式下的 Z 值为______值（　　）。

A. 正、负　　B. 负、正　　C. 正、正　　D. 负、负

31. FANUC 系统加工中心编程中，指令（　　）不是固定循环指令。

A. G71　　B. G73　　C. G76　　D. G83

32. 执行固定循环（　　）指令时，主轴刀具孔底的动作为暂停后变为正转。

A. G76　　B. G74　　C. G84　　D. G86

33. 采用 G83 进行深孔加工，假设共要进行五次间歇进给，则第二次间歇进给的工进距离等于（　　）值。

A. Q　　B. d　　C. Q+d　　D. P

34. 常用于深孔加工，且每次间歇进给后刀具回退至 R 点平面进行排屑的指令是（　　）。

A. G73　　B. G76　　C. G83　　D. G86

35. 下列孔加工指令中，能执行孔底暂停的指令是（　　）。

A. G73　　B. G81　　C. G82　　D. G85

36. 镗削加工 ϕ50 mm 孔时，为了增加刀杆的刚度，镗刀杆的直径一般取（　　）。

A. 20 mm　　B. 30 mm　　C. 35 mm　　D. 45 mm

37. 加工 M10 的粗牙螺纹时，孔底直径应加工至（　　）较为合适。

A. 11 mm　　B. 10.2 mm　　C. 8.5 mm　　D. 9 mm

38. 执行固定循环（　　）指令时，主轴刀具到达孔底后退刀时不会经过 R 点平面。

A. G87　　B. G88　　C. G89　　D. G80

39. 下列指令中，刀具以切削进给方式加工到孔底，然后以切削进给方式返回到 R 点平面的指令是（　　）。

A. G85　　B. G86　　C. G87　　D. G88

40. FANUC 系统中 G80 指令是指（　　）。

A. 镗孔循环　　　　　B. 取消固定循环

C. 反镗孔循环　　　　D. 攻螺纹循环

41. 程序段"G84 X100.0 Y100.0 Z−30.0 R10 F2.0;"中的 2.0 表示（　　）。

A. 螺距　　B. 每转进给速度　　C. 进给速度　　D. 抬刀高度

42. "G90 G99 G83 X_Y_Z_R_Q_F_L_;"中的 Q 表示（　　）。

A. 退刀高度　　　　　B. 孔加工循环次数

C. 孔底暂停时间　　　D. 刀具每次进给深度

43. 在（50，50）坐标点，钻一个深 10 mm 的孔，工件坐标系 Z 轴方向零点位于零件上表面，则指令为（　　）。

A. G85 X50.0 Y50.0 Z−10.0 R0 F50;

B. G81 X50.0 Y50.0 Z−10.0 R0 F50；

C. G81 X50.0 Y50.0 Z−10.0 R5.0 F50；

D. G83 X50.0 Y50.0 Z−10.0 R5.0 F50；

44. G89 与 G85 指令动作类似，不同的是 G89 指令在孔底增加了（　　）。

A. 暂停动作　　B. 主轴反转

C. 主轴准停　　D. 主轴停

45. 下列选项中，刀具以切削进给方式加工到孔底，然后主轴停转，刀具快速退到 R 点平面后主轴正转的指令是（　　）。

A. G85　　B. G86　　C. G87　　D. G88

46. 固定循环 G87 指令中的 Q 值是指（　　）。

A. 刀具间歇进给时的每次加工深度　　B. 主轴准停后刀具反方向的偏移量

C. 刀具在孔底的暂停时间　　D. 总镗孔长度

47. 下列固定循环指令中，不能用 G99 方式进行编程的指令是（　　）。

A. G85　　B. G86　　C. G87　　D. G88

48. 下列选项中，在切削过程中主轴反转，在返回过程中主轴正转的固定循环指令是（　　）。

A. G74　　B. G84　　C. G76　　D. G86

四、简答题

1. 简述 G00 指令与 G01 指令的区别。

2. 试说明 G02、G03 是如何判别的？

3. 试简述刀具半径补偿功能的概念及刀具半径补偿的应用。

4. 刀具长度补偿的应用有哪些?

5. 如图 3—2—1 所示，试简述孔加工固定循环的工作过程。

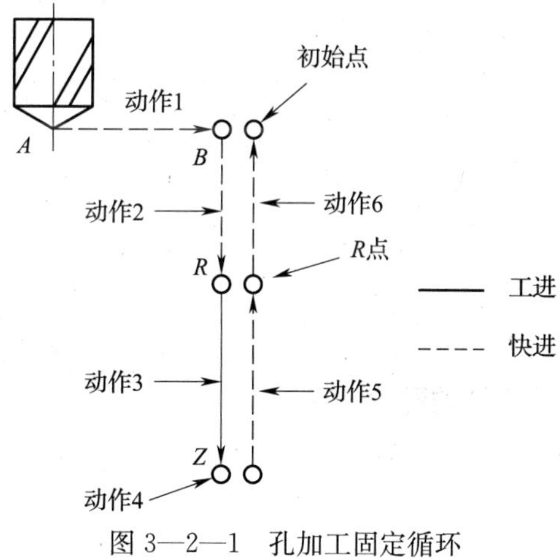

图 3—2—1　孔加工固定循环

6. 试写出孔加工循环的通用编程格式并说明各参数的功能。

7. 如何进行精镗孔尺寸的控制?

8. 试简述深孔钻循环指令 G73 与 G83 指令的区别。

9. 镗孔时，如何解决镗刀杆的刚度问题?

10. G86 与 G76 指令有何区别?

五、编程题

1. 加工如图 3—2—2 所示工件，已知毛坯尺寸为 60 mm×60 mm×20 mm，材料为 45 钢，试标注编程原点并编制数控铣削加工程序。

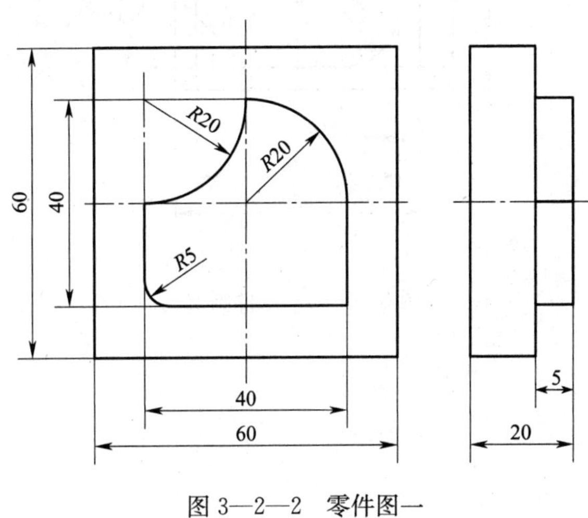

图 3—2—2 零件图一

2. 加工如图 3—2—3 所示工件，已知毛坯尺寸为 60 mm×60 mm×20 mm，材料为 45 钢，试编制数控铣削加工程序。

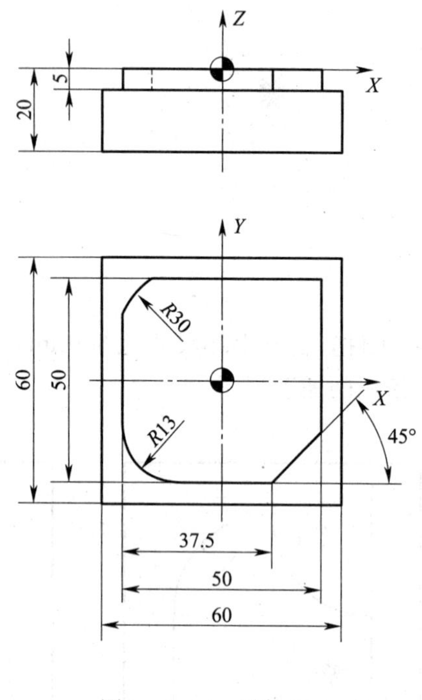

图 3—2—3　零件图二

3. 加工如图 3—2—4 所示工件，已知工件毛坯尺寸为 100 mm×100 mm×30 mm，试编制其数控铣削加工程序。

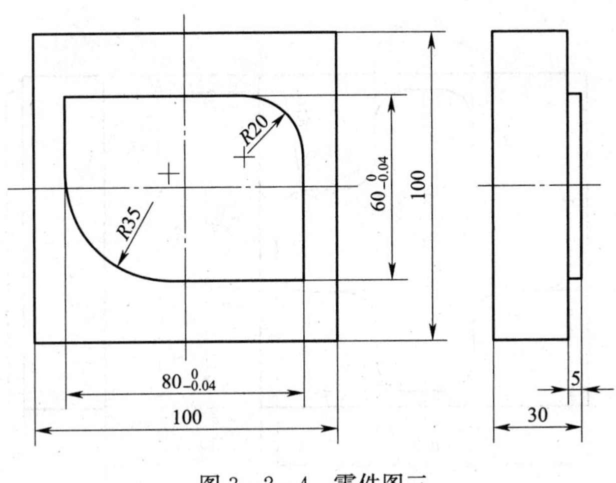

图 3—2—4　零件图三

4. 加工如图 3—2—5 所示工件，已知毛坯尺寸为 100 mm×100 mm×30 mm，材料为 45 钢，试编制数控铣削加工程序，并做简要的程序说明。

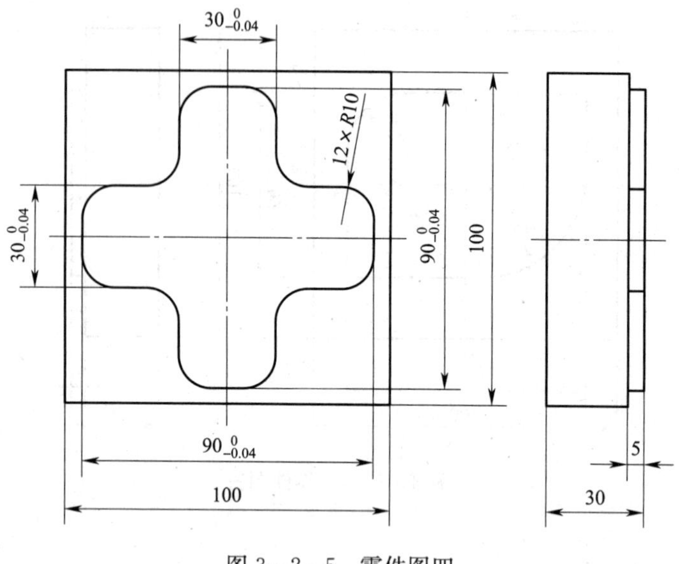

图 3—2—5 零件图四

5. 加工如图 3—2—6 所示工件，已知毛坯尺寸为 100 mm×70 mm×30 mm，材料为 45 钢，试标注编程原点并编制数控铣削加工程序。

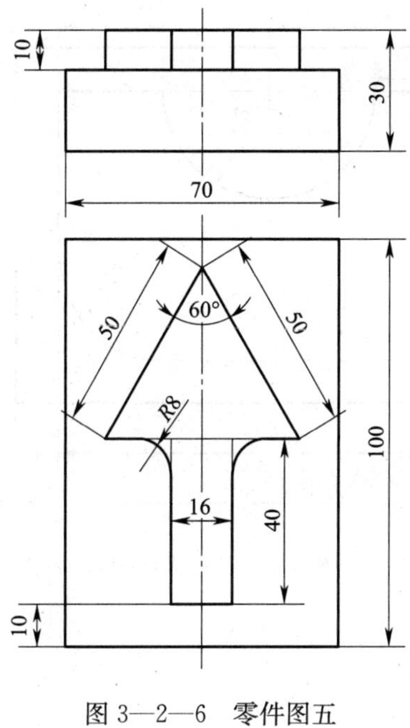

图 3—2—6　零件图五

6. 加工如图 3—2—7 所示工件，已知毛坯尺寸为 106 mm×66 mm×20 mm，材料为 45 钢，试标注编程原点并编制数控铣削加工程序。

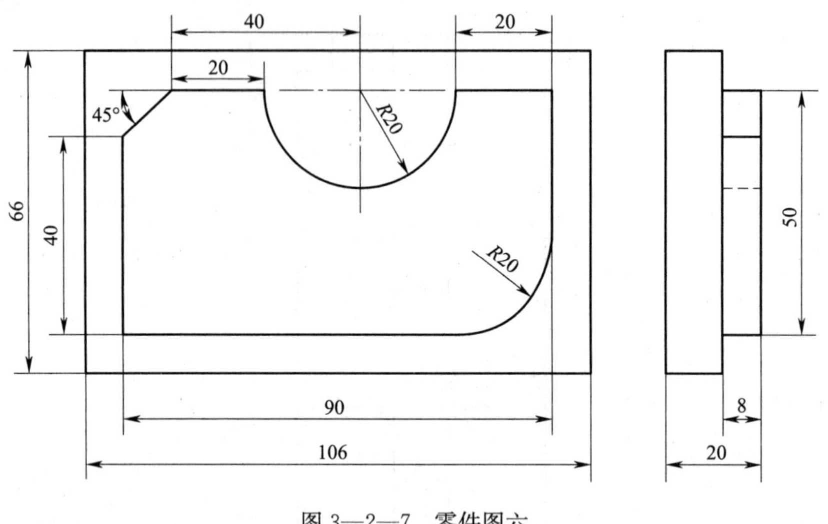

图 3—2—7　零件图六

7. 加工如图 3—2—8 所示工件，已知毛坯尺寸为 160 mm×50 mm×30 mm，材料为 45 钢，试标注编程原点并用子程序调用指令编制数控铣削加工程序。

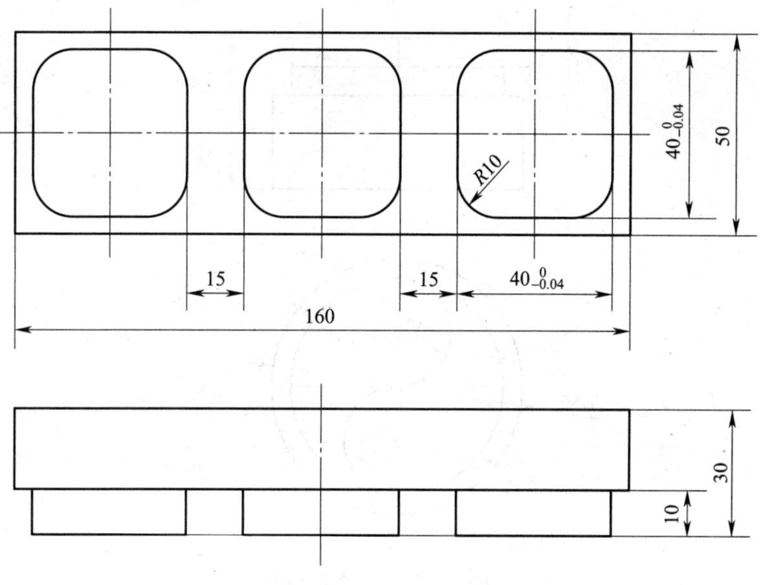

图 3—2—8　零件图七

8. 加工如图 3—2—9 所示工件，已知毛坯尺寸为 ϕ56 mm×40 mm，材料为 45 钢，试用子程序调用指令编制数控铣削加工程序。

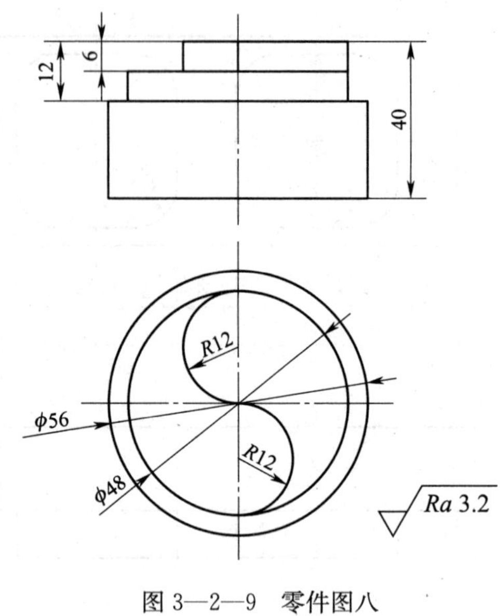

图 3—2—9　零件图八

9. 加工如图 3—2—10 所示工件，已知毛坯尺寸为 80 mm×80 mm×15 mm，材料为 45 钢，试用固定循环指令编制钻孔、铰孔的数控加工程序。

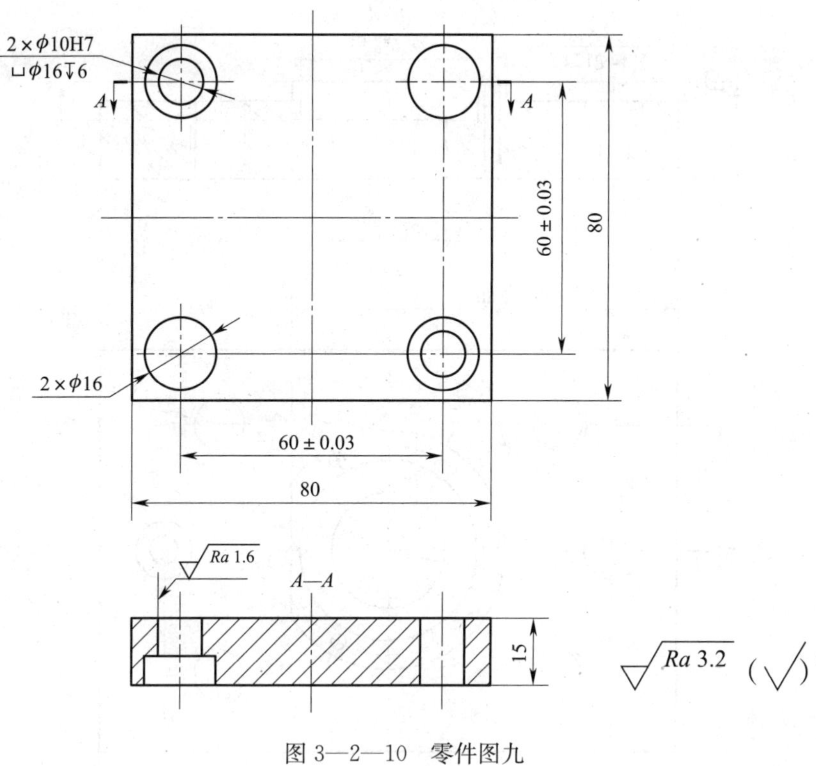

图 3—2—10 零件图九

10．加工如图 3—2—11 所示工件，已知毛坯尺寸为 120 mm×80 mm×20 mm，材料为 45 钢，试编制其外轮廓及孔的数控加工程序。

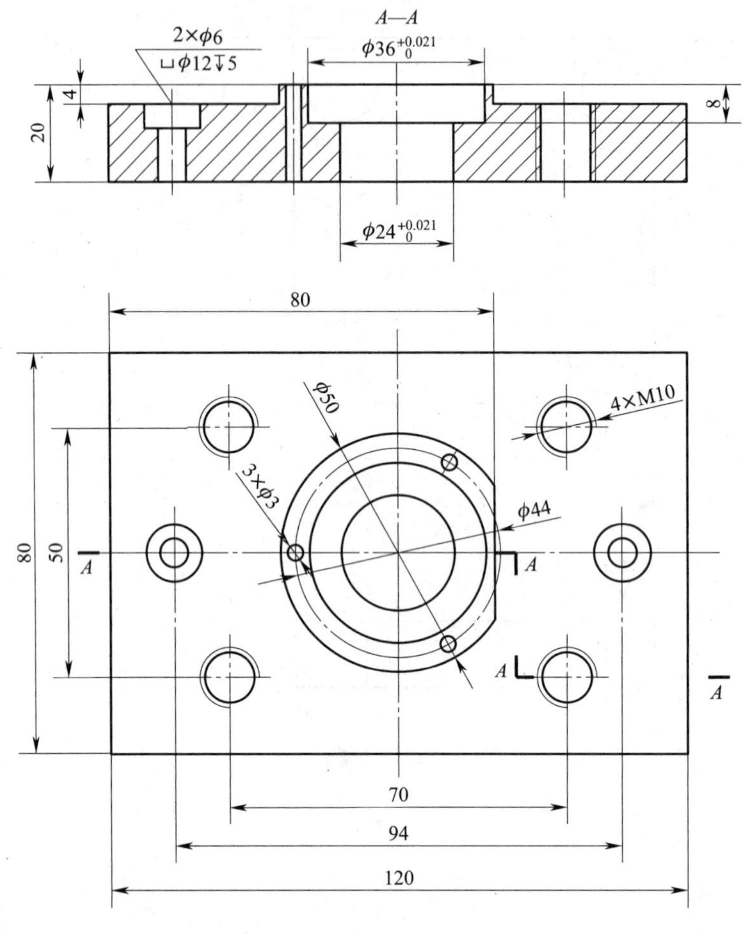

图 3—2—11　零件图十

第三节　数控铣床/加工中心零件加工

一、数控铣床/加工中心零件加工训练题一

如图 3—3—1 所示，坯件尺寸为 100 mm×100 mm×15 mm，试分析其加工工艺并编写其加工程序，评分表见表 3—3—1。

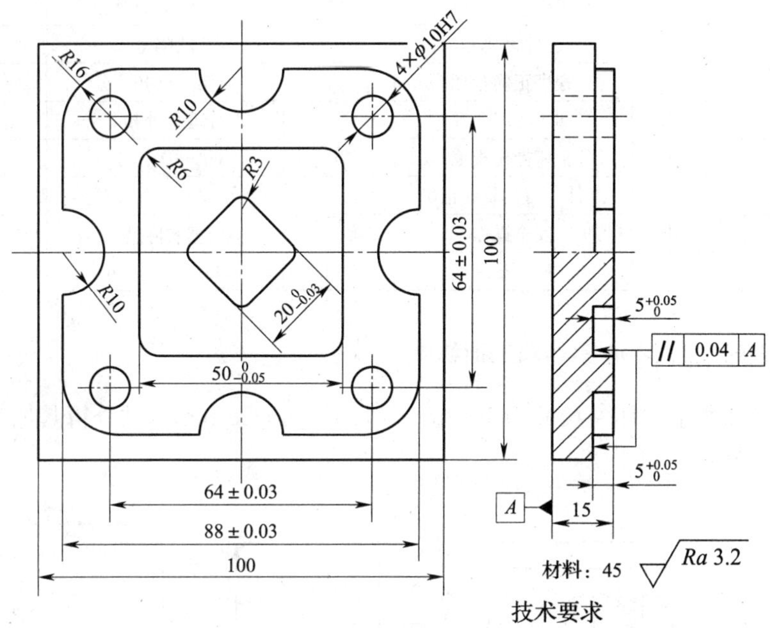

图 3—3—1　加工训练题一零件图

表 3—3—1　　**加工训练题一评分表**

工件编号				总得分			
项目与配分		序号	技术要求	配分	评分标准	检测记录	得分
工件加工评分（80%）	外轮廓（25）	1	88±0.03	6	每超差 0.01 扣 1 分		
		2	$5_{0}^{+0.05}$	5	每超差 0.02 扣 1 分		
		3	平行度 0.04	6	每超差 0.01 扣 1 分		
		4	*R*10	4	每错一处扣 1 分		
		5	*R*16	4	每错一处扣 1 分		
	内轮廓（30）	6	$50_{-0.05}^{0}$	6	每超差 0.01 扣 1 分		
		7	$5_{0}^{+0.05}$	5	每超差 0.02 扣 1 分		
		8	$20_{-0.03}^{0}$	6	每超差 0.01 扣 1 分		
		9	$5_{0}^{+0.05}$	5	每超差 0.02 扣 1 分		

续表

工件编号				总得分		
项目与配分		序号	技术要求	配分	评分标准	检测记录	得分
工件加工评分（80%）	内轮廓（30）	10	$R3$	4	每错一处扣1分		
		11	$R6$	4	每错一处扣1分		
	内孔（14）	12	ϕ10H7	2×4	每错一处扣2分		
		13	64±0.03	3×2	每错一处扣3分		
	其他（11）	14	Ra3.2 μm	6	每错一处扣2分		
		15	工件按时完成	2	未按时完成全扣		
		16	工件无缺陷	3	有缺陷全扣		
程序与工艺（10%）		17	程序正确合理	10	每错一处扣2分		
		18	加工工序合理		不合理每处扣2分		
机床操作（10%）		19	机床操作规范	5	出错一次扣2分		
		20	工件、刀具装夹正确	5	出错一次扣2分		
安全文明生产（倒扣分）		21	安全操作	倒扣	根据实际情况酌扣0～30分		
		22	机床整理	倒扣			

二、数控铣床/加工中心零件加工训练题二

如图3—3—2所示，坯件尺寸为100 mm×100 mm×20 mm，试分析其加工工艺并编写其加工程序，评分表见表3—3—2。

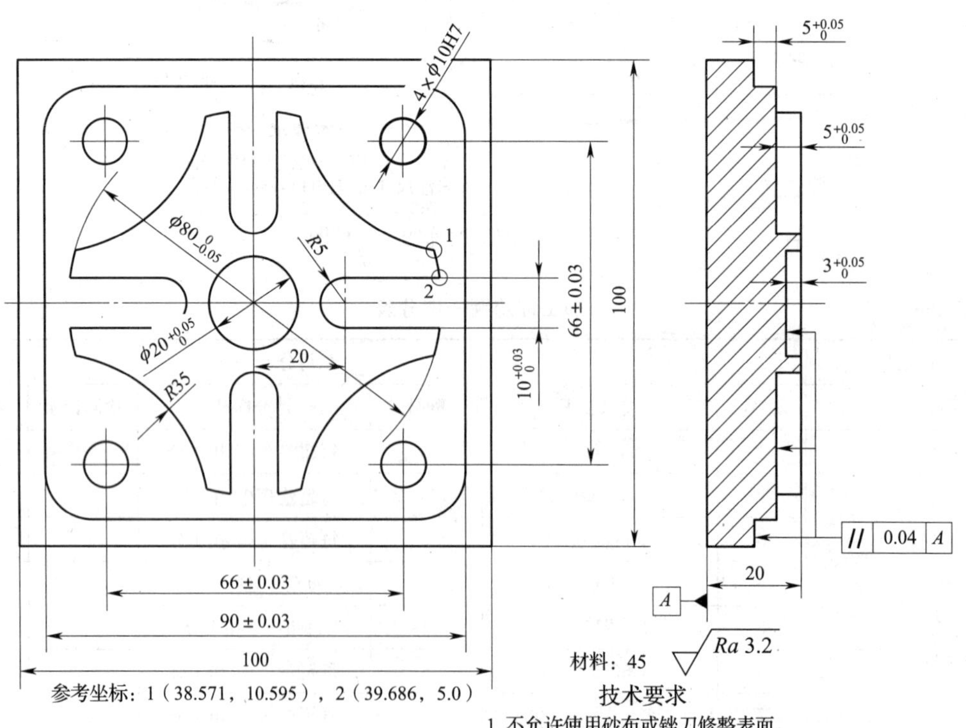

图3—3—2 加工训练题二零件图

表 3—3—2　　　　　　　　　　　加工训练题二评分表

工件编号				总得分		
项目与配分	序号	技术要求	配分	评分标准	检测记录	得分
工件加工评分（80%） 外轮廓（38）	1	90±0.03	6	每超差 0.01 扣 1 分		
	2	$\phi80_{-0.05}^{0}$	6	每超差 0.01 扣 1 分		
	3	$10_{0}^{+0.03}$	6	每超差 0.01 扣 1 分		
	4	$5_{0}^{+0.05}$	5	每超差 0.02 扣 1 分		
	5	平行度 0.04	6	每超差 0.01 扣 1 分		
	6	*R*5	4	每错一处扣 2 分		
	7	*R*35	4	每错一处扣 2 分		
	8	20	1	超差全扣		
内轮廓（31）	9	$\phi20_{0}^{+0.05}$	6	每超差 0.01 扣 1 分		
	10	$3_{0}^{+0.05}$	5	每超差 0.02 扣 1 分		
	11	ϕ10H7	4×4	每错一处扣 4 分		
	12	66±0.03	2×2	每超差 0.01 扣 1 分		
其他（11）	13	*Ra*3.2 μm	6	每错一处扣 2 分		
	14	工件按时完成	2	未按时完成全扣		
	15	工件无缺陷	3	有缺陷全扣		
程序与工艺（10%）	16	程序正确合理	10	每错一处扣 2 分		
	17	加工工序合理		不合理每处扣 2 分		
机床操作（10%）	18	机床操作规范	5	出错一次扣 2 分		
	19	工件、刀具装夹正确	5	出错一次扣 2 分		
安全文明生产（倒扣分）	20	安全操作	倒扣	根据实际情况酌扣 0～30 分		
	21	机床整理	倒扣			

三、数控铣床/加工中心零件加工训练题三

如图 3—3—3 所示，坯件尺寸为 80 mm×80 mm×30 mm，试分析其加工工艺并编写其加工程序，评分表见表 3—3—3。

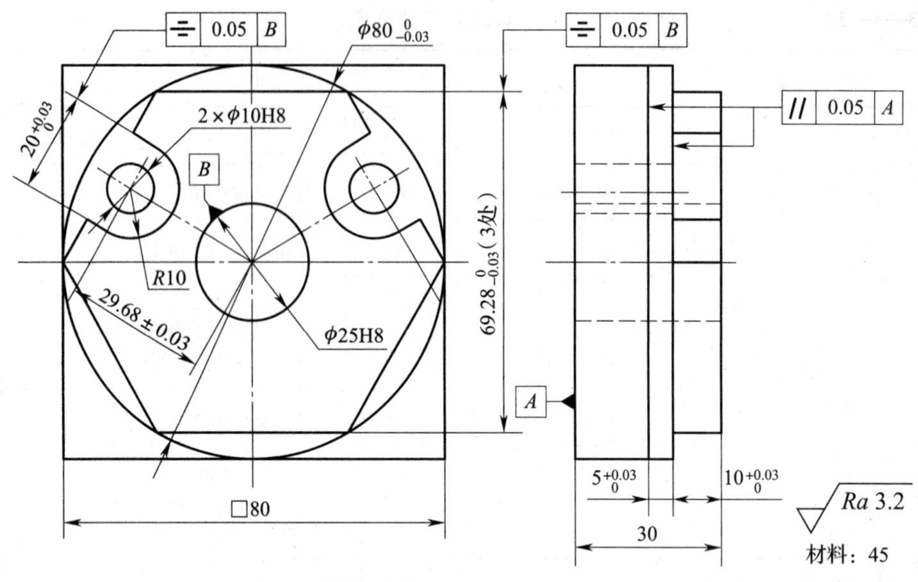

技术要求

1. 工件表面去毛刺，倒棱。
2. 未注尺寸公差按IT14标准执行。

图 3—3—3　加工训练题三零件图

表 3—3—3　　加工训练题三评分表

工件编号				总得分			
项目与配分		序号	技术要求	配分	评分标准	检测记录	得分
工件加工评分（80%）	外轮廓（50）	1	$\phi 69.28_{-0.03}^{0}$	3×3	每超差 0.01 扣 2 分		
		2	$\phi 80_{-0.03}^{0}$	3	每超差 0.01 扣 2 分		
		3	$20_{0}^{+0.03}$	3×2	每超差 0.01 扣 2 分		
		4	$10_{0}^{+0.03}$	3	每超差 0.01 扣 2 分		
		5	$5_{0}^{+0.03}$	3	每超差 0.01 扣 2 分		
		6	平行度 0.05	3×2	每超差 0.01 扣 2 分		
		7	对称度 0.05	2×5	每超差 0.01 扣 2 分		
		8	*Ra*3.2 μm	8	每错一处扣 1 分		
		9	*R*10 等一般尺寸	2	每错一处扣 1 分		
	内孔（24）	10	φ10H8	3×2	每错一处扣 3 分		
		11	φ25H8	6	超差全扣		

续表

工件编号				总得分			
项目与配分		序号	技术要求	配分	评分标准	检测记录	得分
工件加工评分（80%）	内孔（24）	12	29.68±0.03	3×2	每超差 0.01 扣 2 分		
		13	*Ra*3.2 μm	2×3	每错一处扣 2 分		
	其他（6）	14	工件按时完成	3	未按时完成全扣		
		15	工件无缺陷	3	有缺陷全扣		
程序与工艺（10%）		16	程序正确合理	10	每错一处扣 2 分		
		17	加工工序合理		不合理每处扣 2 分		
机床操作（10%）		18	机床操作规范	5	出错一次扣 2 分		
		19	工件、刀具装夹正确	5	出错一次扣 2 分		
安全文明生产（倒扣分）		20	机床整理	倒扣	根据实际情况酌扣 0～30 分		
		21	安全文明生产				

四、数控铣床/加工中心零件加工训练题四

如图 3—3—4 所示，坯件尺寸为 100 mm×100 mm×20 mm，试分析其加工工艺并编写其加工程序，评分表见表 3—3—4。

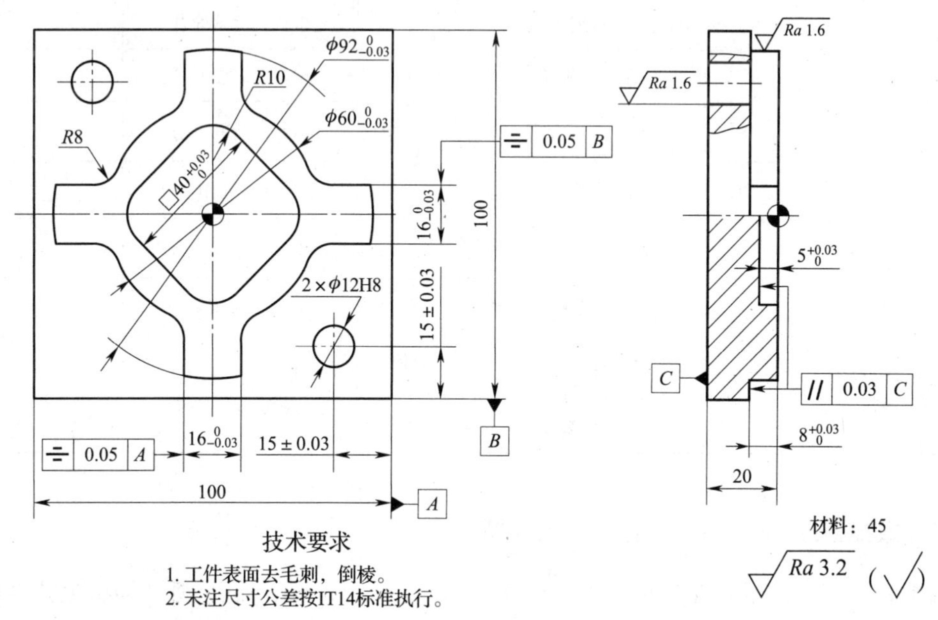

图 3—3—4　加工训练题四零件图

表 3—3—4　　加工训练题四评分表

<table>
<tr><td colspan="2">工件编号</td><td colspan="2"></td><td colspan="2">总得分</td><td colspan="2"></td></tr>
<tr><td colspan="2">项目与配分</td><td>序号</td><td>技术要求</td><td>配分</td><td>评分标准</td><td>检测记录</td><td>得分</td></tr>
<tr><td rowspan="17">工件加工评分（80%）</td><td rowspan="9">外轮廓（46）</td><td>1</td><td>$\phi92_{-0.03}^{0}$</td><td>5</td><td>每超差 0.01 扣 2 分</td><td></td><td></td></tr>
<tr><td>2</td><td>$\phi60_{-0.03}^{0}$</td><td>5</td><td>每超差 0.01 扣 2 分</td><td></td><td></td></tr>
<tr><td>3</td><td>$8_{0}^{+0.03}$</td><td>5</td><td>每超差 0.01 扣 2 分</td><td></td><td></td></tr>
<tr><td>4</td><td>$16_{-0.03}^{0}$</td><td>5</td><td>每超差 0.01 扣 2 分</td><td></td><td></td></tr>
<tr><td>5</td><td>对称度 0.05</td><td>4×2</td><td>每超差 0.01 扣 2 分</td><td></td><td></td></tr>
<tr><td>6</td><td>平行度 0.03</td><td>8</td><td>每超差 0.01 扣 2 分</td><td></td><td></td></tr>
<tr><td>7</td><td>侧面 $Ra1.6$ μm</td><td>4</td><td>每错一处扣 1 分</td><td></td><td></td></tr>
<tr><td>8</td><td>底面 $Ra3.2$ μm</td><td>2</td><td>每错一处扣 1 分</td><td></td><td></td></tr>
<tr><td>9</td><td>$R8$</td><td>4</td><td>每错一处扣 1 分</td><td></td><td></td></tr>
<tr><td rowspan="6">内轮廓与孔（27）</td><td>10</td><td>$40_{0}^{+0.03}$</td><td>5</td><td>每超差 0.01 扣 2 分</td><td></td><td></td></tr>
<tr><td>11</td><td>$5_{0}^{+0.03}$</td><td>5</td><td>每超差 0.01 扣 2 分</td><td></td><td></td></tr>
<tr><td>12</td><td>孔距 15±0.03</td><td>6</td><td>每超差 0.01 扣 2 分</td><td></td><td></td></tr>
<tr><td>13</td><td>孔径 $\phi12H8$</td><td>6</td><td>超差全扣</td><td></td><td></td></tr>
<tr><td>14</td><td>侧面 $Ra1.6$ μm</td><td>3</td><td>每错一处扣 1 分</td><td></td><td></td></tr>
<tr><td>15</td><td>底面 $Ra3.2$ μm</td><td>2</td><td>每错一处扣 1 分</td><td></td><td></td></tr>
<tr><td rowspan="2">其他（7）</td><td>16</td><td>工件按时完成</td><td>4</td><td>未按时完成全扣</td><td></td><td></td></tr>
<tr><td>17</td><td>工件无缺陷</td><td>3</td><td>有缺陷全扣</td><td></td><td></td></tr>
<tr><td colspan="2" rowspan="2">程序与工艺（10%）</td><td>18</td><td>程序正确合理</td><td rowspan="2">10</td><td>每错一处扣 2 分</td><td></td><td></td></tr>
<tr><td>19</td><td>加工工序合理</td><td>不合理每处扣 2 分</td><td></td><td></td></tr>
<tr><td colspan="2" rowspan="2">机床操作（10%）</td><td>20</td><td>机床操作规范</td><td>5</td><td>出错一次扣 2 分</td><td></td><td></td></tr>
<tr><td>21</td><td>工件、刀具装夹正确</td><td>5</td><td>出错一次扣 2 分</td><td></td><td></td></tr>
<tr><td colspan="2" rowspan="2">安全文明生产（倒扣分）</td><td>22</td><td>安全操作</td><td>倒扣</td><td rowspan="2">根据实际情况酌扣 0～30 分</td><td></td><td></td></tr>
<tr><td>23</td><td>机床整理</td><td>倒扣</td><td></td><td></td></tr>
</table>

五、数控铣床/加工中心零件加工训练题五

如图 3—3—5 所示，坯件尺寸为 90 mm×90 mm×20 mm，试分析其加工工艺并编写其加工程序，评分表见表 3—3—5。

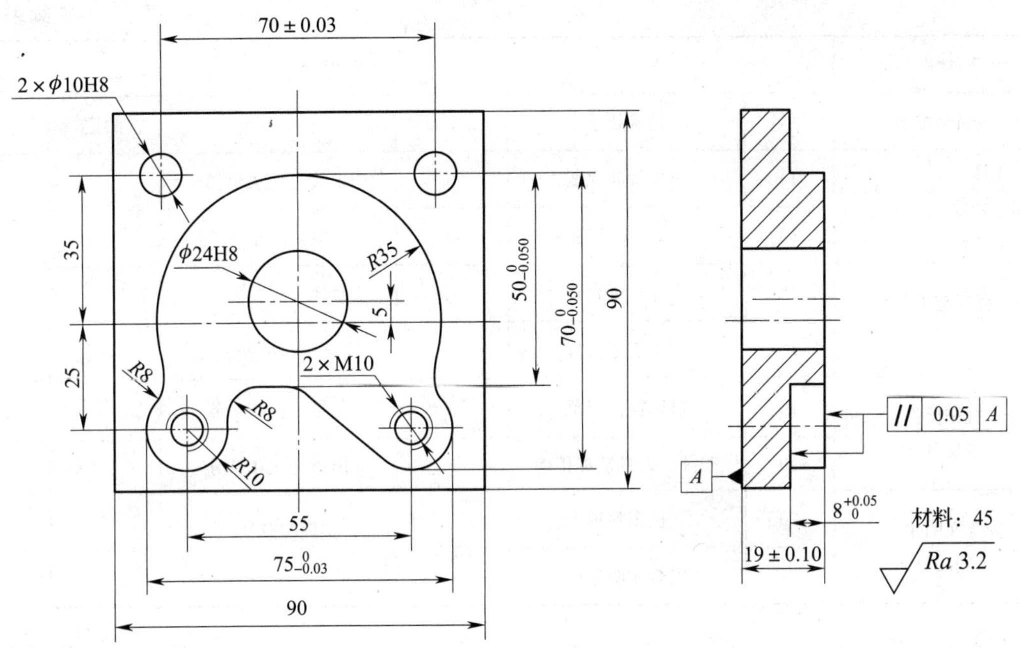

图 3—3—5　加工训练题五零件图

表 3—3—5　　　　**加工训练题五评分表**

工件编号				总得分			
项目与配分		序号	技术要求	配分	评分标准	检测记录	得分
工件加工评分（80%）	外轮廓（43）	1	$50^{0}_{-0.05}$	6	每超差 0.01 扣 2 分		
		2	$70^{0}_{-0.05}$	6	每超差 0.01 扣 2 分		
		3	$75^{0}_{-0.03}$	6	每超差 0.01 扣 2 分		
		4	19±0.1	6	每超差 0.01 扣 2 分		
		5	$8^{+0.05}_{0}$	5	每超差 0.01 扣 2 分		
		6	平行度 0.05	3×2	每超差 0.01 扣 2 分		
		7	*Ra*3.2 μm	2	每错一处扣 1 分		
		8	一般尺寸	6	每错一处扣 1 分		
	内孔（31）	9	φ10H8	3×2	每错一处扣 3 分		
		10	φ24H8	6	超差全扣		
		11	2×M10	5×2	每错一处扣 5 分		
		12	70±0.03	5	每超差 0.01 扣 2 分		
		13	*Ra*3.2 μm	2×2	每错一处扣 2 分		

续表

工件编号				总得分			
项目与配分		序号	技术要求	配分	评分标准	检测记录	得分
工件加工评分（80%）	其他（6）	14	工件按时完成	3	未按时完成全扣		
		15	工件无缺陷	3	有缺陷全扣		
程序与工艺（10%）		16	程序正确合理	10	每错一处扣 2 分		
		17	加工工序合理		不合理每处扣 2 分		
机床操作（10%）		18	机床操作规范	5	出错一次扣 2 分		
		19	工件、刀具装夹正确	5	出错一次扣 2 分		
安全文明生产（倒扣分）		20	机床整理	倒扣	根据实际情况酌扣 0～30 分		
		21	安全文明生产				

第四章　数控电火花加工

第一节　电火花加工概述

一、填空题

1. 20 世纪 50 年代，科学家通过对家用电器开关通、断电瞬间经常出现__________现象的研究，发明了电火花加工又称放电加工。

2. ____________加工有别于传统的切削加工，它直接利用电能、热能对工件实施成形加工。

3. 电火花加工是利用________________和工件之间脉冲性火花放电产生的局部瞬时高温来蚀除多余的金属材料，以达到工件尺寸、形状及表面质量等要求。

4. 根据电火花设备使用情况，电火花加工可分为三大类：电火花成形加工、电火花线切割加工和________________电火花加工。

5. 数控电火花成形加工机床主要由________________、伺服进给系统、工作液循环系统、机床本体、灭火系统等几大部分组成。

6. 数控电火花线切割机床主要由控制系统、工作台、________________、床身、工作液循环系统及脉冲电源六部分组成。

7. 20 世纪 60 年代，出现了具有我国特色的冷冲压模具____________新工艺，即采用电火花工艺加工冷冲压模具时，使用凸模放电加工凹模的方法。

二、判断题

1. 有别于传统的切削加工，电火花加工直接利用光能、热能对工件实施成形加工。　（　）

2. 一次脉冲放电过程大致可分为五个连续阶段：电离→放电→热膨胀→抛出蚀除物→消电离。　（　）

3. 电火花加工是利用工具电极和工件之间连续性电弧产生的局部瞬时高温来蚀除多余的金属材料。　（　）

4. 电火花线切割加工是基于电极丝与工件之间脉冲放电时的电火花腐蚀原理。　（　）

5. 控制系统是数控电火花成形机床最主要的部分之一。　（　）

6. 数控电火花线切割机床的走丝系统由导轮、丝架、储丝及走丝机构等组成。　（　）

7. 高频脉冲电源可把工频交流电流转换成一定频率的双向脉冲电流，以供给电火花放电间隙所需的能量。　（　）

8. 21 世纪以来，电火花加工实现了数控化和无人化。　（　）

9. 电火花加工不能实现变截面三维图形线切割工艺。（　　）

三、选择题

1. 电火花加工利用（　　）之间脉冲性火花放电产生的局部瞬时高温来蚀除多余的金属材料。

A. 刀具和工件　　B. 工具电极和工件
C. 工具电极和刀具　　D. 电极与电极

2. 有别于传统的切削加工，电火花加工直接利用（　　）对工件实施成形加工。

A. 电能、热能　　B. 光能、热能
C. 光能、电能　　D. 电能、光能和热能

3. 根据电火花设备使用情况，电火花加工可分为（　　）三大类。

A. 电火花成形加工、电火花线切割加工和电火花成形磨削
B. 电火花成形加工、电火花线切割加工和电火花同步回转加工
C. 电火花成形加工、电火花线切割加工和电火花表面强化及刻字
D. 电火花成形加工、电火花线切割加工和其他类型电火花加工

4. 数控电火花线切割机床组成部分中不包括（　　）。

A. 控制系统　　B. 工作液循环系统
C. 灭火系统　　D. 工作台

5. 20 世纪（　　），我国开始研究电火花线切割加工技术。

A. 50 年代　　B. 60 年代　　C. 70 年代　　D. 80 年代

6. 电火花加工数控化实现于（　　）。

A. 20 世纪 70 年代　　B. 20 世纪 80 年代
C. 20 世纪 90 年代　　D. 21 世纪

四、简答题

简述数控电火花成形机床工作液循环系统的主要作用。

第二节　电火花成形加工

一、填空题

1. 电火花成形加工具有许多传统切削加工无法比拟的优点，已广泛应用于____________________及复杂形状零件的加工。

2. 电火花型孔加工主要涉及的加工领域包括：____________________、拉深模加工、拉丝模加工、粉末冶金模加工等。

3. 根据电火花加工原理，任何________材料都可作为电极。

4. 电极的结构形式通常根据零件型孔的大小及复杂程度、电极的加工工艺性等来确定。通常采用的电极结构形式包括____________、组合式和镶拼式。

5. 通常情况下，采用电火花____________来加工型孔用工具电极。

6. ____________即电火花成形机床脉冲电源的电参数，它包括脉冲宽度、脉冲间隔、电流峰值、加工电压、加工极性等。

7. 电火花加工型腔的工艺方法通常有：_________________________、单电极平动加工法、多电极更换加工法和分解电极加工法等。

8. 目前应用最多的电极材料是石墨和________。

9. 大、中型型腔模加工电极设计时，往往都通过设置排气、排屑孔和____________来改善加工条件。

10. 型腔电极的制造方法很多，主要包括：普通机械加工、________________、电火花线切割加工，甚至采用电铸、精锻、挤压成形等。

二、判断题

1. 电火花成形加工具有许多传统切削加工无法比拟的优点，可广泛应用于难加工材料及复杂形状零件的加工。 ( )

2. 电火花加工零件的尺寸精度主要靠工具电极来保证，因此对工具电极有着比较高的要求。 ( )

3. 根据电火花线切割加工原理，任何材料都可作为电极。 ( )

4. 作为常用电极材料，石墨机械强度较差，易崩角。 ( )

5. 作为电极材料，银钨合金用于精密及有特殊要求的加工场合。 ( )

6. 电极无论采用何种结构，都应有足够的刚度，以提高加工过程的稳定性。 ( )

7. 通常情况下，采用电火花线切割来加工型孔用工具电极。 ( )

8. 电规准包括脉冲宽度、脉冲间隔、电流峰值、加工电压、加工极性和电极材料等。 ( )

9. 在实际生产中，通常只需要采用一个电规准来完成成形表面的加工。 ( )

10. 电火花线切割不能实现盲孔加工。 ( )

11. 型腔电火花加工的工艺方法通常有：单电极加工法、单电极平动加工法、多电极加工法和分解电极加工法等。 ( )

12. 应用最多的电极材料是石墨、紫铜和黄铜。 ( )

13. 确定电极的加工形式、电极尺寸、排气孔和冲油孔等是电极设计考虑的主要内容。 ( )

14. 型腔加工属于盲孔加工，排气、排屑条件较差，控制不好将会严重影响加工状态的稳定性，甚至使加工无法进行。 ( )

15. 人们通常采用单电极平动加工法，通过平动量的改变来达到修光型腔的目的。 ( )

16. 型腔电极的制造方法很多，主要包括：普通机械加工、数控加工、电火花线切割加工等。 ( )

17. 紫铜电极在加工前通常先在煤油中浸泡若干天。（　　）

18. 总体来讲，数控电火花成形加工与其他数控加工指令比较类似，且有些可以通用。（　　）

19. 数控电火花成形加工运动轨迹较为单一，通常是一个从粗到精的加工过程，且多数沿＋Z方向加工。（　　）

三、选择题

1. 电火花成形加工广泛应用于（　　）材料零件的加工。

A. 非金属　　B. 难加工　　C. 石墨　　D. 紫铜

2. 下列选项中，（　　）是错误的。

A. 电火花加工不受材料硬度影响　　B. 电火花加工可在坯料淬硬后进行

C. 电火花加工不适于硬质合金加工　　D. 电火花加工常用于模具零件加工

3. 下列选项中，（　　）是正确的。

A. 电火花型孔加工常见于冲裁模中凸模零件的加工

B. 电火花型腔加工常见于冲裁模中凸模零件的加工

C. 电火花型孔加工常见于冲裁模中凹模零件的加工

D. 电火花型腔加工常见于冲裁模中凹模零件的加工

4. 电火花加工零件的尺寸精度主要靠（　　）来保证。

A. 工具电极　　B. 工件电极　　C. 放电材料　　D. 电极材料

5. 就机械加工性能而言，下列电极材料中（　　）最好。

A. 紫铜　　B. 钢　　C. 石墨　　D. 黄铜

6. 就加工稳定性而言，下列电极材料中（　　）最好。

A. 紫铜　　B. 石墨　　C. 铸铁　　D. 钢

7. 通常情况下，采用（　　）来加工型孔用工具电极。

A. 铣削　　B. 磨削　　C. 电火花线切割　　D. 刨削

8. 电规准是指电火花成形机床脉冲电源的电参数，它不包括（　　）。

A. 脉冲宽度　　B. 电流峰值　　C. 加工极性　　D. 电极损耗

9. 下列关于电规准描述中，正确的是（　　）。

A. 精规准一般采用较大的电流峰值、较长的脉冲宽度

B. 粗规准一般采用较大的电流峰值、较长的脉冲宽度

C. 精规准应尽可能加大输出功率

D. 粗规准一般采用较小的电流峰值

10. 下列选项中，不属于型腔表面电火花成形加工特点的是（　　）。

A. 要求电极损耗低　　B. 蚀除量大

C. 盲孔加工　　D. 通孔加工

11. 型腔的加工余量一般较大，尤其在不预加工的情况下，更需要蚀除大量的金属材料，因此，（　　）成为型腔加工时对电源粗规准的首要要求。

A. 高生产率和低电极损耗　　B. 高生产率和高电极损耗

C. 低生产率和低电极损耗　　D. 低生产率和高电极损耗

12. 型腔电火花加工工艺方法中，通常不包括（　　）。

A. 单电极加工法　　B. 单电极平动加工法

C. 分解电极加工法　　D. 少电极加工法

13. （　　）是指用一个电极完成型腔的粗、半精（中）、精加工。

A. 单电极加工法　　B. 单电极平动法

C. 分解电极加工法　　D. 少电极加工法

14. （　　）加工法就是用多个电极依次更换加工同一个型腔的方法。

A. 分解电极　　B. 少电极

C. 多电极更换　　D. 多电极平动

15. 分解电极加工法其实是（　　）的综合应用。

A. 单电极平动加工法和多电极更换加工法

B. 单电极平动加工法和单电极加工法

C. 单电极平动加工法和少电极加工法

D. 少电极加工法和多电极更换加工法

16. 下列选项中，正确的是（　　）。

A. 因电加工时损耗较小，黄铜和铸铁适于型腔加工

B. 因电加工时损耗较大，石墨和紫铜不适于型腔加工

C. 目前应用最多的型腔加工电极材料是铜钨合金和银钨合金

D. 铜钨合金和银钨合金是较理想的电极材料，在特殊型腔加工时采用

17. 下列选项中，正确的是（　　）。

A. 属于盲孔加工的型腔加工，排气、排屑条件较好

B. 属于盲孔加工的型腔加工，排气、排屑条件较差

C. 一般情况下，冲油孔开设在易排屑的拐角、窄缝处

D. 一般情况下，排气孔开在蚀除面积较小及电极端部凸出的位置

18. 下列选项中，正确的是（　　）。

A. 型腔电极的制造通常采用普通机械加工、数控加工、电火花线切割加工

B. 型腔电极的制造通常采用电铸、精锻、挤压成形

C. 型腔电极的制造通常采用冷冲压、冷挤压

D. 型腔电极的制造通常采用铸造、焊接、电镀

四、简答题

简述电火花成形加工模具型孔的主要优点。

第三节　电火花线切割加工

一、填空题

1. ________指令代码是我国自行开发的一种程序代码，具有简单易学、易于实现自动编程等优点，为大多数线切割机床所支持。

2. 在制定电火花线切割加工工艺时，必须合理选择____________________及其切割路线。

二、判断题

1. 在电火花线切割加工过程中，必须对可能出现的断丝、短路、突然断电等故障进行及时排除。（　　）

2. 在电火花线切割加工中，无须正确确定电极丝的初始位置。（　　）

3. 对于电火花线切割加工，通常采用切割速度、加工精度及加工表面粗糙度来衡量加工工艺效果。（　　）

4. 在实际生产中，线切割加工通常采用手工编程与自动编程相结合的方法。（　　）

5. FW 线切割机床加工指令代码中，G03 的功能为顺时针圆弧插补。（　　）

6. CAXA 线切割软件已成为使用最普遍的数控线切割编程软件。（　　）

三、选择题

下列选项中，（　　）是错误的。

A. 总体来讲，数控电火花成形加工与其他数控加工指令比较类似，且有些可以通用

B. ISO 标准通过准备功能和辅助功能代码来指令电火花成形加工中的各种运动和操作

C. 数控电火花成形加工运动轨迹较为单一，通常是一个从粗到精的加工过程，且多数为沿－Z方向加工

D. 电火花线切割主要用于塑料模具型腔零件的制造，有时也用于切割具有复杂的二维和三维型面的零件及样板等

四、简答题

采用数控电火花线切割机床加工零件，主要包括哪些内容？